FRANKFURTER GEOWISSENSCHAFTLICHE ARBEITEN

Serie D · Physische Geographie

Band 19

Landschaftsökologie und traditionelle Bodennutzung in Gobnangou
(SE-Burkina Faso, Westafrika)

von
Peter Müller-Haude

Herausgegeben vom Fachbereich Geowissenschaften
der Johann Wolfgang Goethe-Universität Frankfurt
Frankfurt am Main 1995

| Frankfurter geowiss. Arb. | Serie D | Bd. 19 | 170 S. | 65 Abb. | 2 Tab. | 1 Kt. | Frankfurt a. M. 1995 |

ISSN 0173-1807
ISBN 3-922540-51-1

Schriftleitung

Dr. Werner-F. Bär
Institut für Physische Geographie der Johann Wolfgang Goethe-Universität,
Postfach 11 19 32, D-60054 Frankfurt am Main

Die vorliegende Arbeit wurde vom Fachbereich Geowissenschaften der
Johann Wolfgang Goethe-Universität als Dissertation angenommen.

Die Deutsche Bibliothek - CIP Einheitsaufnahme

> **Müller-Haude, Peter:**
>
> Landschaftsökologie und traditionelle Bodennutzung in
> Gobnangou (SE-Burkina Faso, Westafrika) / von Peter Müller-Haude.
> Hrsg. vom Fachbereich Geowissenschaften der Johann-Wolfgang-
> Goethe-Universität Frankfurt. -
> Frankfurt am Main: Inst. für Physische Geographie, 1995
>
> (Frankfurter geowissenschaftliche Arbeiten: Ser. D, Physische
> Geographie; Bd. 19)
> Zugl.: Frankfurt (Main), Univ., Diss., 1993
> ISBN 3-922540-51-1
>
> NE: Frankfurter geowissenschaftliche Arbeiten / D

Alle Rechte vorbehalten

ISSN 0173-1807

ISBN 3-922540-51-1

Anschrift des Verfassers

Dr. P. Müller-Haude, Institut für Physische Geographie der Johann Wolfgang
Goethe-Universität, Postfach 11 19 32, D-60054 Frankfurt am Main

Bestellungen

Institut für Physische Geographie der Johann Wolfgang Goethe-Universität,
Postfach 11 19 32, D-60054 Frankfurt am Main
Telefax (069) 798 - 2 83 82

Druck

F. M.-Druck, D-61184 Karben

Kurzfassung

Das Untersuchungsgebiet im Südosten von Burkina Faso - der Sandsteinzug von Gobnangou und seine beiden Vorländer - unterscheidet sich sowohl hinsichtlich der Siedlungsdichte als auch der naturräumlichen Gegebenheiten deutlich von den angrenzenden Gebieten. Der präkambrische Sandstein, der zu den ältesten Formationen des Volta-Beckens gehört, bedingt wesentliche Unterschiede in Relief, Böden und den hydrologischen Verhältnissen. In den Vorländern des Sandsteinmassivs sind tiefgründige Böden verbreitet, die sich in sandigen Deckschichten entwickelt haben. Auf den Kristallingesteinen der im Norden angrenzenden Gebiete hingegen sind in der Regel Lateritkrusten ausgebildet, auf denen vorwiegend flachgründige Böden anzutreffen sind. Den Anschluß nach Süden bildet die vom Pendjari durchflossene Tiefebene, in der während der Regenzeit weite Flächen von Überflutungen bedroht sind. In den unmittelbaren Vorländern des Höhenzuges siedeln in dicht aneinandergereihten Ortschaften die Gulmancé, die vorwiegend in Subsistenzwirtschaft Wanderfeldbau betreiben. Bei den Untersuchungen wurde der Frage nachgegangen, ob und in welcher Weise die naturräumlichen Gegebenheiten die Ansiedlung der Gulmancé begünstigt hatten.

Die Niederschlagsmengen können von Regenzeit zu Regenzeit sehr stark schwanken, es wurden Werte zwischen 500 und fast 1400 mm gemessen. Die Gulmancé bebauen daher vorwiegend Böden, deren Ertragsfähigkeit weitgehend unabhängig von der Niederschlagsmenge der jeweiligen Regenzeit ist, so daß Ertragseinbußen weder durch zu große Trockenheit, noch durch zu starke Vernässung in den Böden zu befürchten ist. Im südlichen Vorland sind tiefgründige und sandige Acrisols und Lixisols weit verbreitet. Die Böden sind geschätzte Anbaustandorte, weil sie einen ausgeglichenen Wasserhaushalt haben, der eine kontinuierliche Versorgung der Kulturpflanzen - vorwiegend Hirse - bis zur Ernte gewährleistet. Darüber hinaus sind sie leicht zu bearbeiten und eignen sich auch zum Anbau von Erdnüssen. Für diese Vorteile nehmen die Gulmancé in Kauf, daß die eher mäßige Nährstoffversorgung nur relativ kurze Anbauperioden von etwa sieben Jahren gestatten. Ebenfalls beliebte Anbaustandorte sind lithomorphe Vertisols bzw. vertic Cambisols, wie sie im nördlichen Vorland auf basischen Kristallingesteinen und im südlichen Vorland auf Schiefer entwickelt sind. Es sind die nährstoffreichsten Böden in der Region. Bei vergleichsweise geringen Tongehalten von 30-50 % haben die Böden relativ gute physikalische Eigenschaften, so daß die Ertragsfähigkeit durch Wasser- oder Sauerstoffmangel nicht nennenswert eingeschränkt wird.

Als ungünstige Standorte gelten flachgründige Böden (Leptosols), wie sie vor allem auf den Lateritebenen weit verbreitet sind. Auf solchen Standorten besteht die Gefahr von Dürreschäden. Daher konzentriert sich hier der Feldbau auf die Randbereiche der kleineren episodischen Gerinne, wo die Böden in der Regel tiefgründiger sind und zudem vom Wasserabfluß höher gelegener Gebiete profitieren, ohne jedoch von Überflutung bedroht zu sein. Weniger günstige Standorte sind aber auch kräftig entwickelte Staunässeböden (Plinthosols, Planosols), bei denen hohe Niederschlagsmengen zu starke Vernässung bewirken können.

Einen bedeutenden Gunstfaktor für die Besiedlung dieser Region stellen die zahlreichen Bachläufe dar, die dem stark verkarsteten Sandsteinmassiv entspringen und bis weit in die Trockenzeit hinein Wasser führen. Sie dienen nicht nur der Wasserversorgung der Bevölkerung, sondern ermöglichen zudem den Reisanbau in den Flachmuldentälern der Vorländer. Ein wichtiger Siedlungsgrund für die Gulmancé sind auch die vielzähligen Höhlen in dem Sandsteinzug, die in der Vergangenheit bei kriegerischen Auseinandersetzungen gute Versteckmöglichkeiten boten.

Summary

The research area in the southeast of Burkina Faso - the sandstone chain of Gobnangou and its forelands - differs very much from the neighboring areas in population density and natural resources. The Precambrian sandstone, part of the oldest formations of the Volta Basin, causes important differences in the relief, the soils and the hydrological conditions. In the forelands of the range deep soils, that have developed in sandy layers, are widespread. The crystalline rocks to the north of the range are mainly covered by lateritic duricrusts. Mainly shallow soils are to be found onthe duricrusts. To the south of the range a lowland area can be found, through which the river Pendjari flows. Extensive parts of this region can be inundated in the rainy season. In both forelands of the sandstone range the Gulmancé settle in closely alined villages. As they are subsistance farmers who practise rotational fallow cultivation, large areas around the villages are cultivated. The aim of these studies was to find out, if and to what extent the environmental setting favoured the settling of the Gulmancé.

The deviations from the mean annual rainfall in a single rainy season can be important; values of between 500 and 1400 mm have been recorded. Due to these variations the Gulmancé cultivate soils, whose yield is as stable and as independent of the amount of rainfall as possible. In the southern foreland of the range deep and sandy Acrisols and Lixisols are widespread. The Gulmancé particularly appreciate these soils because of their waterbalance. Almost independent of the amount of rainfall they guarantee a continuous watersupply for the crops (mainly millet) till the harvest. Furthermore the sandy texture is easy to cultivate and enables the cultivation of peanuts, too. For these advantages the Gulmancé accept comparatively short cultivation periods, caused by the low fertility of the soils, usually of around seven years.

Other popular cultivation sites are lithomorphic Vertisols or vertic Cambisols, that have developed on basic crystalline rocks in the northern and on slates in the southern foreland. They are the most fertile soils in the region. As the clay contents in these soils are generally relatively low (30-50 %), their physical properties are sufficient and the yield is not be reduced by the lack of water or oxygen.

Shallow soils (Leptosols) are generally unfavorable sites for cultivation. They are especially widespread on the lateritic plains. On these sites crops are threatened by drought. Therefore on the lateritic plains cultivation is concentrated along the streambeds, where e.g. the soils are deeper and benefit from the run-off of adjacent areas, but without being threatened by inundation. Other less favorable sites are similygleys (Planosols, Plinthosols), where waterlogging owing to high precipitation may cause damage to the crop-roots.

One advantage for settling in this region is the number of small streams, that originate from springs in the karsted sandstone range and which exist far into the dry season. They not only supply water to the population, but enable the cultivation of rice in the dambos of the forelands, too. A last, and for the Gulmancé very important reason to settle in this area, is the multitude of caves in the sandstone, which they used in the past to hide themselves from their enemies.

Résumé

La zone étudiée au sud-est du Burkina Faso - la Chaîne de Gobnangou et ses deux piémonts - se distingue des régions avoisinantes par sa densité de peuplement et l'organisation de son milieu. A cause du grès precambrien, qui est part des formations plus anciennes du Bassin de la Volta, le milieu naturel avec le relief, les sols et la situation hydrologique sont très differentes. Dans les piedmonts du massif gréseux les sols profonds sont répandus qui se sont developpés dans des couches sableuses. Les roches cristallines des regiones voisines vers le nord sont généralement couvertés de cuirasses latéritiques. Au-dessus des cuirasses on trouve surtout des sols peu profonds. Au sud de la Chaîne une plaine basse est située, où le fleuve Pendjari coule. Dans cette région de vastes aires sont inondées dans la saison des pluies. Les deux piémonts sont densément peuplés par les populations Gulmancé pratiquant l'agriculture itinérante.

Comme les précipitations sont très variables d'un hivernage à l'autre - des valeurs de 500 à 1400 mm/an ont été relevées - les Gulmancé cultivent surtout des sols dont la capacité de rendement en eau est largement indépendante des précipitations. En effet, les mauvais rendements peuvent être autant dus à de fortes sécheresses, qu'à des sols détrempés. Au sud de la Chaîne des Acrisols et Lixisols sableuses et profonds sont étendus. Ces sols sont particulièrement appréciés par les Gulmancé en raison de la régularité de leur régime d'eau qui garantit aux cultures - surtout au mil - une bonne alimentation jusqu'à la récolte. Ils sont en outre faciles à travailler et sont également favorables à la culture de l'arachide. C'est la raison pour laquelle les Gulmancé s'accomodent de leur faille teneur en fertilisants qui ne permet que de courtes périodes de mise en culture d'environ sept ans. De même, sont appréciés les vertisols lithomorphes, ou bien les vertic Cambisols, qui se sont developpés sur des formations cristallines basiques au nord de la Chaîne et sur schistes au sud. Ce sont les sols les plus riches de la région. Ayant des taux comparativement faibles en argiles (30 -50 %), ces sols ont des caractéristiques physiques suffisamment bonnes pour que les rendements ne soient pas limiteés par des manques d'eau ou d'oxygène.

Les Leptosols peu épais, comme on en rencontre généralement sur les surfaces latéritiques, sont considérés mauvais. Sur de telles stations il y a le risque d'assèchement. C'est la raison pour laquelle les champs se concentrent en marge des petits marigots temporaires où les sols sont généralement plus épais et où l'alimentation en eau est meilleure, sans danger d'inondations. Les sols hydromorphes (Plinthosols, Planosols), bien qu'ils soient les plus développés, sont moins favorables en raison de leur excès d'eau en cas de fortes précipitations.

Un des facteurs qui favorisent l'occupation de cette région est le grand nombre de cours d'eau qui sortent du massif gréseux fortement karstifié. Ils assurent une alimentation en eau jusqu'en pleine saison sèche et fournissent non seulement l'eau nécessaire aux populations, mais permettent la culture de riz dans les bas-fonds du piémont. Un autre facteur favorable pour l'installation des Gulmancé fut la présence de nombreuses grottes dans le massif gréseux qui leur permettaient dans le passé de trouver refuge en période de guerre.

Vorwort

Sehr herzlich danke ich Herrn Prof. Dr. Dr. h.c. Semmel für die gute Betreuung dieser Arbeit und seine wertvollen Hinweise und Anregungen, sowohl im Gelände, als auch im Institut. Herrn Prof. Dr. Andres danke ich für die sorgfältige Durchsicht der Arbeit.

Der Deutschen Forschungsgemeinschaft bin ich für die Finanzierung und materielle Ausstattung des Sonderforschungsbereiches 268, der diese Arbeit ermöglichte, dankbar. In diesem Zusammenhang möchte ich auch dem nunmehr verstorbenen Initiator und Sprecher des Sonderforschungsbereiches, Herrn Prof. Dr. Haberland gedenken. Ihm und seinem Nachfolger Herrn Prof. Dr. Nagel, sowie der Geschäftsführerin Frau Dr. Greinert sei für ihre vielfältigen organisatorischen Hilfen gedankt. Dem Fachbereich Geowissenschaften der J. W. Goethe-Universität Frankfurt danke ich für die Aufnahme der Arbeit in diese Reihe und ihrem Schriftführer Herrn Dr. W.-F. Bär für die äußerst sorgfältige Korrektur des Manuskripts.

Herrn Prof. Dr. Krumm bin ich für die Bestimmung von Gesteinsproben(und für seine große Bereitschaft zur Klärung geologischer Fragen beizutragen dankbar. Zu danken habe ich Frau Dr. Sponholz für die Anfertigung von Dünnschliffen und ihre vielseitigen Anregungen zur Bearbeitung geomorphologischer Fragestellungen, Frau Winkelmann für die Transkription der Gulmancé-Begriffe, Frau Bergmann-Dörr für die umfangreichen Untersuchungen an den Laborproben, Frau Olbrich für die Anfertigung einiger Zeichnungen, Herrn Schuchmann für die digitale Bearbeitung der SPOT-Szenen und seine Hilfestellungen beim Umgang mit Hard- und Software und Herrn Karge für die Anfertigung von Bodendünnschliffen. Ihnen und den übrigen Kollegen "im Hause", stellvertretend seien Frau Dr. Bördlein und Herr Dr. Heinrich genannt, sei auch für die zahlreichen weiterführenden Diskussionen und Hilfestellungen gedankt. Danken möchte ich auch allen Mitgliedern des Sonderforschungsbereiches, die mit in Gobnangou gearbeitet haben und diese Arbeit durch vielfältige Hilfen und Hinweise unterstützt haben.

Nicht zuletzt bin ich dem Land Burkina Faso und seinen Institutionen dankbar, die die Forschungen gestatteten und unterstützten. Hier sind besonders das C.N.R.S.T. und die Universität in Ouagadougou zu nennen, sowie O.N.P.F. in Fada N'Gourma und O.R.D. in Diapaga. Besonders danke ich den Herren Adolphe Naba und Matthieu Lompo, deren freundliche Unterstützung und Landeskenntnis überaus hilfreich war, die Arbeit im Gelände effizient zu gestalten.

Frankfurt am Main, im September 1993　　　　　　　　　　　　　　　Peter Müller-Haude

Inhaltsverzeichnis

Seite

1 Einleitung 17
1.1 Über die Ziele des Sonderforschungsbereiches
"Westafrikanische Savanne" 17
1.2 Aufgabenstellung für diese Arbeit 17
1.3 Lage und Beschreibung des Arbeitsgebietes 20
1.4 Arbeitsmethoden 24

2 Klima 26

3 Vegetation 29

4 Geologie 32
4.1 Die Sedimentgesteine des Volta-Beckens 32
4.2 Tektonik 37

5 Relief 39
5.1 Die Rumpfflächenlandschaft 39
5.2 Die Oberflächenformen des Sandsteinmassivs 46
    5.2.1 Kleinformen der Korrosion 47
    5.2.2 Große Formenelemente im Sandsteinmassiv 50
    5.2.3 Der Sandstein im Dünnschliff 53
    5.2.4 Zur Verkarstung von Sandstein 55
5.3 Zusammenfassung der geomorphologischen Gegebenheiten 56

6 Wasserhaushalt 58

7 Böden 65
7.1 Die Böden des Sandsteinzuges 70
7.2 Zur Staubsedimentation durch den Harmattan 82
7.3 Böden auf Schiefer 84
7.4 Die Böden der Lateritebenen 87
7.5 Böden auf Kristallin 94
7.6 Die Böden der Überschwemmungsgebiete 99
7.7 Zusammenfassung 102

Seite

8 Zur Landnutzung der Gulmancé 105
8.1 Das Volk der Gulmancé 105
8.2 Einige Bemerkungen zur Sprache 107
8.3 Zur Landwirtschaft der Gulmancé 109
   8.3.1 Nahrungsgewohnheiten und cash-crops 110
   8.3.2 Der Zeitfaktor 111
   8.3.3 Düngung 112
   8.3.4 Die Wahl der Anbauart 113

9 Bodentypen und Standortbeschreibungen der Gulmancé 115
9.1 "Surface features" nach SWANSON 116
9.2 Klassifikation der Böden nach Farbe 118
   9.2.1 Tinmuanga (roter Boden) 118
   9.2.2 Tinpienga (weißer Boden) 119
   9.2.3 Tinbuanli (schwarzer Boden) 120
9.3 Klassifikation der Böden nach Textur 122
   9.3.1 Tintancaga (steiniger Boden) 122
   9.3.2 Tintanbima (Sandboden) 122
   9.3.3 Tinlubili (schluffiger Boden) 123
   9.3.4 Lubigu (schluffiger Staunässeboden) 124
   9.3.5 Bolbuonli und tinbisimbili (Vertisols/vertic Cambisols) 125
9.4 Standortklassifikation nach Reliefposition und Wasserhaushalt 126
   9.4.1 Baagu (Bas-fond) 126
   9.4.2 Buanbalgu (Standort am Bach) 128
   9.4.3 Pugu (Staunässeboden) 128
   9.4.4 Gbanu (Lateritebene) 130
   9.4.5 Tialu (Standort auf Laterit ohne Gehölzpflanzen) 131
   9.4.6 Tunga (Standort auf Laterit mit Gehölzvegetation) 132
   9.4.7 Pempelgu (nackter Boden) 133
9.5 Sonstige Standorte 133
   9.5.1 Lianli (Salzboden) 133
   9.5.2 Kpamkpagu (Solonetz) 134
   9.5.3 Muanli ("Das Rot") 135
9.6 Zusammenfassung der Standortbewertung durch die Gulmancé 136

10 Zusammenfassung 139

Seite

11 Sommaire 147

12 Literaturverzeichnis 153

13 Verzeichnis der verwendeten Karten, Luft- und Satellitenbilder 164

14 Anhang 167
    14.1   Labormethoden   167
    14.2   Wortliste der Gulmancé-Begriffe   168

Abbildungsverzeichnis

Seite

Abb. 1	Bevölkerungsdichte in den Provinzen von Burkina Faso	18
Abb. 2	Übersichtskarte des Untersuchungsgebietes	22
Abb. 3	Klimadiagramm von Fada N'Gourma	26
Abb. 4	Niederschlagsdiagramme einiger Ortschaften in Gobnangou	28
Abb. 5	Das Volta-Becken	33
Abb. 6	Kluftsysteme in der Region Gobnangou	38
Abb. 7	Profil der Laterittafelberge bei Kodjari	41
Abb. 8	Längsprofile des Höhenzuges von Gobnangou und seiner beiden Vorländer	43
Abb. 9	Geomorphologische Übersichtsskizze	45
Abb. 10	Schichtfugenhöhlen im Sandstein	48
Abb. 11	Rinnenkarren im Sandstein	48
Abb. 12	Höhle im Sandstein	49
Abb. 13	Opferkessel im Sandstein	49
Abb. 14	Geomorphologische Skizze des Sandsteinmassivs	51
Abb. 15	Dünnschliff einer unverwitterten Sandsteinprobe bei gekreuzten Nicols und Rot 1-Filter	54
Abb. 16	Dünnschliff Sandsteinstückes, an dessen Oberfläche Eisenoxide eine Matrix bilden, in die korrodierte Quarzkörner eingebettet sind	54
Abb. 17	Vegetationsstreifen zwischen Sandsteinstufe und Schutthang am Nordrand des Massivs bei Tambaga	60
Abb. 18	Schematisches Profil durch den Sandsteinzug bei Tambaga	60
Abb. 19	Ausschnitt aus der SPOT-Szene 61-327 vom 23.2.1987, 10 Uhr 28	61
Abb. 20	Bodenübersichtskarte des südöstlichen Burkina Faso	67
Abb. 21	Legende zu den Catenen und Bodenprofilen	72
Abb. 22	Catena C1 innerhalb des Sandsteinzuges	73
Abb. 23	Profil C1-2 (haplic Acrisol)	74
Abb. 24	Catena C2 durch das Madjoari-Massiv	76
Abb. 25	Profil C2-4 bei Momba (ferric Acrisol)	77
Abb. 26	Profil C2-5 bei Momba (rhodi-haplic Acrisol)	77
Abb. 27	Profil P1 4 km südlich von Arli am Fuß des Sandsteinzuges (rhodi-haplic Lixisol)	78
Abb. 28	Catena C3 am Südrand des Sandsteinmassivs	80
Abb. 29	Profil C3-2 bei Kidikanbou (humic Acrisol)	81
Abb. 30	Profil C3-3 bei Kidikanbou SSE von C3-2 (haplic Lixisol)	81
Abb. 31	Laborwerte dreier Sedimentproben aus Mulden im Sandstein	84

Seite

Abb. 32	Catena C4 auf Schiefer	85
Abb. 33	Profil C4-1 bei Kodjari (eutric Planosol)	86
Abb. 34	Profil C4-4 bei Kodjari (vertic Cambisol)	86
Abb. 35	Profil C4-6 bei Kodjari (dystric Leptosol)	87
Abb. 36	Catena C5 der Lateritebene entlang des Sandsteinzuges	88
Abb. 37	Profil C5-2 nordöstlich von Tansarga (lithic Leptosol)	89
Abb. 38	Profil C5-4 nordöstlich von Tansarga (stagnic Lixisol)	89
Abb. 39	Catena C6 mit Laterittafelberg	90
Abb. 40	Profil C6-2 3 km südlich von Diapaga (eutric Leptosol)	91
Abb. 41	Profil C6-3 3 km südlich von Diapaga (eutric Regosol)	91
Abb. 42	Catena C7 einer Lateritebene	92
Abb. 43	Profil C7-5 7 km südlich von Diapaga (ferralic Cambisol)	93
Abb. 44	Catena C8 auf Granit im Vorfeld der Lateritstufe	94
Abb. 45	Catena C9 auf Kristallin	95
Abb. 46	Profil C9-2 nördlich von Tambaga (haplic Lixisol)	96
Abb. 47	Profil C9-3 in Tambaga (eutric Fluvisol)	96
Abb. 48	Catena C10 auf Amphibolit	97
Abb. 49	Profil C10-1 nordwestlich von Yobri (rhodic Nitisol)	98
Abb. 50	Profil C10-2 nordwestlich von Yobri (eutric Vertisol)	98
Abb. 51	Profil P2 Park Arli (dystric Fluvisol)	101
Abb. 52	Siedlungsgebiet der Gulmancé und Isolinien der jährlichen Wachstumstage	106
Abb. 53	Agrarischer Kalender der Gulmancé	111
Abb. 54	Schema der "Surface features" nach SWANSON	117
Abb. 55	Profil P3 bei Kaabougou (tinpienga)	120
Abb. 56	Profil P4 bei Kaabougou (tinbuanli)	121
Abb. 57	Profil P5 südlich von Kodjari (tinlubili)	123
Abb. 58	Profil P6 5 km südlich von Diapaga (lubigu)	124
Abb. 59	Profil P7 bei Tanbarga (buolbonli)	125
Abb. 60	Profil P8 in Yobri (baagu)	127
Abb. 61	Profil P9 bei Bodiaga (pugu)	129
Abb. 62	Profil P10 südöstlich von Kodjari (gbanu)	131
Abb. 63	Profil P11 bei Kaabougou (tialu)	132
Abb. 64	Profil P12 in Yobri (lianli)	134
Abb. 65	Profil P13 südlich von Madaaga (kpamkpagu)	135

Karte: Agrarische Nutzung in Gobnangou

Tabellenverzeichnis

		Seite
Tab. 1	Niederschlagsdurchschnittswerte unterschiedlicher Meßperioden in Diapaga	27
Tab. 2	Niederschlagsmengen in der Region Gobnangou	27

Verzeichnis der verwendeten Abkürzungen

a	Jahre
b.p.	before present
C.I.E.H.	Comité interafricain d'études hydrauliques
C.N.R.S.T.	Centre Nationale de la Recherche Scientifique et Technique
FAO	Food and Agricultural Organisation of the United Nations
GA	Milliarden Jahre
GTZ	Gesellschaft für Technische Zusammenarbeit
IGB	Institut Géographique du Burkina
IGN	Institut Géographique National
MA	Millionen Jahre
O.R.D.	Organismes Régionaux de Développement
O.R.S.T.O.M.	Organisation de Recherche Scientifique et Technique d'Outre-Mer
U	Schluff (fU = Feinschluff; mU = Mittelschluff; gU = Grobschluff)
S	Sand (fS = Feinsand; mS = Mittelsand; gS = Grobsand)
T	Ton

1 Einleitung

1.1 Über die Ziele des Sonderforschungsbereiches "Westafrikanische Savanne"

Der von der Deutschen Forschungsgemeinschaft finanzierte Sonderforschungsbereich 268 trägt den Titel "Kulturentwicklung und Sprachgeschichte im Naturraum westafrikanische Savanne". In dem interdisziplinären Projekt arbeiten Ethnologen, Linguisten, Archäologen, Geographen, Botaniker und Paläobotaniker zusammen. Ein gemeinsames Ziel ist es, kulturelle Eigenheiten, historische Sprachentwicklung und Wirtschaftsweisen verschiedener Völker in den Wechselwirkungen mit dem sie umgebenden Naturraum zu erfassen und zu beschreiben (vgl. FRICKE 1986; HABERLAND 1986, 1988; JUNGRAITHMAYR 1986; SEMMEL 1986a). Innerhalb der westafrikanischen Savanne konzentrieren sich die Untersuchungen auf zwei Regionen: NE-Nigeria und den Süden von Burkina Faso. Hier liegen bereits einige Publikationen zur jüngeren Naturraumentwicklung vor, z. B. von BRUNK (1992), HEINRICH (1992), NEUMANN & BALLOUCHE (1992), THIEMEYER (1992) und WITTIG et al. (1992).

Im Rahmen der übergeordneten Fragestellung liegt der für den physischen Geographen zu leistende Beitrag in der Ermittlung und Darstellung der landschaftsökologischen Zusammenhänge, welche die Grundlage für Besiedlung und Nutzung des betreffenden Naturraumes bilden. Die Bewertung des Naturraumpotentials wird dabei umso aussagekräftiger, je mehr die speziellen Nutzungsansprüche der unterschiedlichen Ethnien Berücksichtigung finden. In die Betrachtungen sind hierbei die nachhaltigen Veränderungen des Naturraums eingeschlossen, die von den menschlichen Aktivitäten ausgelöst werden.

1.2 Aufgabenstellung für diese Arbeit

Für die vorliegende Arbeit wurde ein Gebiet im Südosten von Burkina Faso ausgewählt, das sich durch den Sandsteinzug von Gobnangou deutlich von den übrigen Gebieten abhebt. Aus dieser Region lag bereits eine Studie der materiellen Kultur der Gulmancé vor (GEIS-TRONICH 1991). Nach der umfassenden Beschreibung des materiellen Inventars der Gulmancé sollten nun die Geofaktoren dieses Raumes erfaßt und ihre Nutzung durch die Gulmancé untersucht werden. Hierzu bewogen vor allem die sehr unterschiedliche Siedlungsdichte in den verschiedenen Gebieten. Die fast ausschließlich von Gulmancé bewohnten Provinzen Tapoa und Gourma gehören mit 10,8 und 11,1 Einwohnern je qkm zu den am dünnsten besiedelten Regionen von Burkina Faso (STATISTISCHES BUNDESAMT 1988:23f.). In der im Westen angrenzenden Provinz Boulgou beträgt die Siedlungsdichte 44,7, und in der ebenfalls benachbarten Provinz Kouritenga liegt sie gar bei 121,1 Einwohnern pro qkm (Abb. 1).

Karten der Siedlungsverteilung zeigen, daß auch innerhalb der Provinzen Tapoa und Gourma starke Disparitäten bestehen. Während die Gebiete entlang der Oberläufe der Flüsse Singou, Doubodo und Tapoa nahezu menschenleer sind, ist entlang der Falaise de Gobnangou eine hohe Siedlungsdichte festzustellen (PERON et al. 1975:25; PALLIER 1981:85; vgl. MIETTON 1988:14). Hier kann sie auf bis zu 50 Einwohnern pro qkm ansteigen (GEIS-TRONICH 1991:26). Über die Gründe für die unterschiedliche Siedlungsdichte bzw. die außergewöhnlich geringe Besiedlung weiter Gebiete gibt es verschiedene Vermutungen. PALLIER (1981:83) nennt die geringe Wasserverfügbarkeit während der Trockenzeit, die Verbreitung von Krankheiten, wie Onchocercose (Flußblindheit) und Trypanosomiase (Schlafkrankheit), entlang der Flußläufe und ethnische Konflikte in historischer Zeit. Für die hohe Siedlungsdichte in dem von den Mossi bewohnten Gebiet im Zentrum von Burkina Faso werden beispielsweise vorwiegend historische Gründe geltend gemacht. Es ist das Gebiet eines alten, mächtigen und gut organisierten Staates.

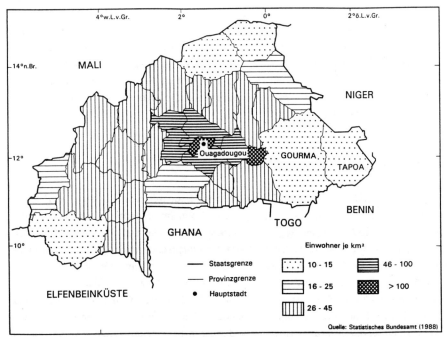

Abb. 1 Bevölkerungsdichte in den Provinzen von Burkina Faso

Es wurde auch versucht, die Siedlungsdisparitäten mit der Qualität der verfügbaren Böden zu vergleichen. Dies ist jedoch nur kleinräumig möglich, da die Nutzungsmuster der familienweise bewirtschafteten Felder in Abhängigkeit von Anbauart und Bodenverhältnissen sehr stark variieren können (vgl. PALLIER 1981:83). Die genannten Erklärungsansätze sind teilweise sehr hypothetisch. Beispielsweise weist eine Karte der Verbreitung der Onchocercose - im Anhang des Abschlußberichtes der Bodenkartierung von Obervolta (BOULET et al. 1970) - im ganzen Südosten von Burkina Faso nur Fragezeichen auf; es stand kein ausreichendes Datenmaterial zur Verfügung.

Vor diesem Hintergrund stellte sich die Aufgabe, in der dicht besiedelten Region Gobnangou mit physisch-geographischen Methoden Untersuchungen des Naturraumpotentials vorzunehmen, das die Existenzgrundlage der Bevölkerung darstellt. Für ein traditionell vom Ackerbau lebendes Volk wie die Gulmancé sind anbaufähige Böden und eine ganzjährige Wasserversorgung unabdingbare Voraussetzung für die Anlage einer Siedlung. Die Untersuchungen der Bodenverhältnisse erfolgte unter Berücksichtigung der Anbauansprüche. Hierfür sind Nahrungsgewohnheiten, Ertragssicherheit und in zunehmendem Maße auch Vermarktungsfähigkeit die wichtigsten Einflußgrößen. Für die Wasserversorgung auch während der Trockenzeit ist das Infiltrationsvermögen der Böden sowie das Wasserspeichervermögen des Gesteins und des oberflächennahen Untergrundes von ausschlaggebender Bedeutung.

So ergibt sich aus der Fragestellung die Präsentation der Untersuchungsergebnisse in dieser Reihenfolge: Nach einem Überblick über das Klima und die wesentlichen Strukturen der Vegetationszusammensetzung erfolgt die Darstellung der geologischen Gegebenheiten, da sie die Grundlage für Relief, Wasserhaushalt und Bodenverhältnisse bilden. Anschließend werden die Oberflächenformen beschrieben und einige Aspekte der Reliefgenese erörtert, die die Verbreitung verschiedener Böden erklären helfen und auch zum Verständnis des Wasserhaushaltes in der Region beitragen. Der Wasserhaushalt wird dann in seiner Abhängigkeit von Relief und Gestein dargelegt. In dem Kapitel über die Böden werden repräsentative Catenen und Bodenprofile vorgestellt, anhand derer die Böden und ihre Verbreitung erläutert werden. Die folgenden Kapitel gelten den Gulmancé. Nach einer Einführung in die Anbaumethoden und ihre Ansprüche an Kulturpflanzen folgt eine ausführliche Darstellung der von ihnen bebauten Böden. Diese Beschreibung erfolgt in der "Nomenklatur" und nach Kriterien, die die Gulmancé selbst zur Kennzeichnung von Böden und Standorten verwenden. Sie werden durch Bodenprofile und Hinweise auf zuvor dargelegte Zusammenhänge ergänzt. Abschließend wird die Verteilung von Siedlungs- und Ackerflächen, wie sie Luft- und Satellitenbildern zu entnehmen ist, unter Bezug auf die physisch-geographischen Grundlagen und ihre Bewertung durch die Gulmancé besprochen.

Im Kontext der übrigen Untersuchungen im Rahmen des Sonderforschungsbereiches 268 sollen die Ergebnisse zur Klärung der Frage beitragen, in welchem Maße historische und (oder) naturräumliche Faktoren zur Ausprägung des gegenwärtigen Siedlungsverhaltens und der Wirtschaftsweisen der Gulmancé in Gobnangou beigetragen haben. Zu der kontrovers diskutierten Frage der Naturraumabhängigkeit ethnospezifischer Wirtschaftsweisen vgl. MISCHUNG (1980), BARGATZKY (1986), HABERLAND (1986), FRICKE (1989) und HEINRICH (1992).

1.3 Lage und Beschreibung des Arbeitsgebietes

Der Sandsteinzug von Gobnangou und seine beiden Vorländer sind das Untersuchungsgebiet dieser Arbeit. Es ist eine Region, die sich sowohl in der Siedlungsdichte, als auch in den naturräumlichen Gegebenheiten stark von den angrenzenden Gebieten unterscheidet (Abb. 2). Der Sandsteinzug streicht von etwa 11°30' N / 1°30' E über fast 80 km Länge nach NE bis 12° N / 2° E. Seine maximale Breite beträgt 9 km. In beiden Vorländern reihen sich die Ortschaften dicht an dicht entlang des Sandsteinmassivs. In südwestlicher Verlängerung des Höhenzuges befindet sich das etwas kleinere Massiv von Madjoari. Es besteht ebenfalls aus Sandstein und ist hinsichtlich des Naturraumpotentials und der Siedlungsmuster dem Massiv von Gobnangou vergleichbar. Die übrigen Gebiete sind weitgehend unbewohnt. Lediglich entlang einer Lateritstufe, die über Namounou nach NW verläuft, ist ebenfalls eine erhöhte Siedlungskonzentration festzustellen. Das ganze Gebiet gehört zur Provinz Tapoa, deren Hauptstadt Diapaga in ihrer Mitte liegt. Die Provinz wird nahezu ausschließlich von Gulmancé bewohnt (vgl. SWANSON 1977). Einen geringen, aber schwer zu quantifizierenden Anteil an der Bevölkerung stellen die mit ihren Rinderherden nomadisierenden Fulbe, die auch Peulh genannt werden.

Naturräumlich wird das Gebiet von dem Sandsteinzug dominiert, der sich stellenweise mit einer steilen Stufe von über 100 m Höhe über das nördliche Vorland erhebt. Der Sandstein gehört zu den Sedimentgesteinen des Volta-Beckens, dessen Nordrand er säumt. Nach Norden schließen sich die kristallinen Gesteine des westafrikanischen Kratons an, im Süden sind es vorwiegend die Schiefer der Pendjari-Formation, die den Untergrund einer Beckenlandschaft bilden, in der der gleichnamige Fluß frei mäandriert.

Der Sandstein erreicht eine maximale Höhe von 365 m ü. M., der tiefste Punkt in dem Arbeitsgebiet liegt am Flußlauf des Pendjari bei 160 m. Damit weist das Gebiet eine Reliefierung auf, wie sie sonst in Burkina Faso nur selten erreicht wird. Die Pendjari-

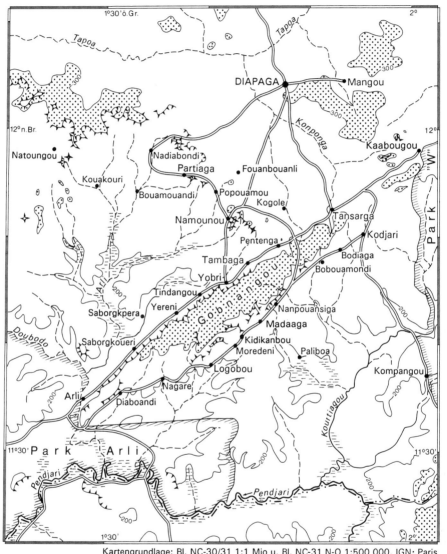

Kartengrundlage: Bl. NC-30/31 1:1 Mio u. Bl. NC-31 N-O 1:500 000, IGN; Paris

Abb. 2 Übersichtskarte des Untersuchungsgebietes

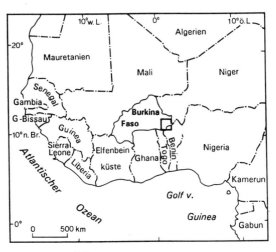

☐ Kartenausschnitt

▦ Höhenbereich > 300 m

—100— 100 m - Höhenlinie

⊥⊥⊥ Steilstufe

⏤ Gewässer ganzjährig

--- Gewässer episodisch

≈≈≈ Überschwemmungsgebiet

═══ Piste

▨ Nationalparkgrenze

—··— Staatsgrenze

● · Ortschaften

0   25km

Ebene ist zugleich das einzige Gebiet in Burkina Faso, dessen Höhe deutlich unter 200 m liegt. Aus dem Atakora-Gebirge in Benin kommend führt der Fluß ganzjährig Wasser. Auch seine Zuflüsse Arli und Kourtiagou sind, zumindest in ihren Unterläufen, ganzjährig perennierend. Während der Regenzeit tritt der Pendjari, der zugleich die Grenze zu Benin bildet, kilometerweit über die Ufer, so daß eine landwirtschaftliche Nutzung in der Region nicht möglich ist.

Die ganzjährig zugänglichen Wasserstellen sind jedoch ein Grund für den Wildreichtum in diesem Gebiet. In den Nationalparks "Arli" (Burkina Faso), "Pendjari" (Benin) und "W" im Dreiländereck Burkina Faso, Niger und Benin können während der Wintermonate zahlreiche Wildtiere beobachtet werden. Neben verschiedenen Antilopenarten treten hier Flußpferde, Büffel, Elefanten und Löwen auf. Weiterhin gibt es eine Vielzahl kleinerer Säugetierarten, Vögel und Reptilien. Der durch die Parks bedingte Tourismus ist bislang eher gering, aber stetig im Wachsen begriffen. Ein ebenfalls nicht unbedeutender Wirtschaftsfaktor ist die Großwildjagd, für die beispielsweise im Nordwesten, an den Park Arli angrenzende Gebiete reserviert sind. Wie auch in den Parks selbst sind hier weder das Anlegen von Siedlungen, noch der Feldbau gestattet. Die Aktivitäten des Fremdenverkehrs sind jedoch auf den Zeitraum der Öffnung der Parks von Mitte Dezember bis April beschränkt. Während und noch einige Zeit nach der Regenzeit ist die Region ausschließlich über die von Diapaga kommende Piste zu erreichen. Die Pisten nach Pama, nach Benin und innerhalb des Nationalparks sind wegen des hohen Elefantengrases und der nicht passierbaren Furten von Singou, Arli und Kourtiagou nicht befahrbar.

Die nördlich an den Sandsteinzug angrenzende Landschaft auf den Gesteinen des kristallinen Sockels ist durch weite Ebenheiten gekennzeichnet, wie sie auch sonst für den größten Teil von Burkina Faso typisch sind. Nur vereinzelt werden die Ebenen von Inselbergen oder Laterittafelbergen, auch Laterit-Mesas genannt (WIRTHMANN 1987: 61), überragt. Große Flächen der Ebenen werden oberflächennah ebenfalls von harten Lateritkrusten unterlagert, so daß Mächtigkeit und Textur der darüberliegenden Lockermaterialdecke (Decklehm) in hohem Maße Anbaumöglichkeiten, aber auch die Vegetationszusammensetzung nicht genutzter Böden bestimmen (vgl. SEMMEL 1986b).

Landwirtschaftliche Gunststandorte in der Region sind die relativ häufigen Flachmuldentäler, in denen das Wasser nach den Niederschlägen zusammenfließt, und wo oft Sedimente von z. T. erheblicher Mächtigkeit zusammengespült worden sind. Diese Spülmuldentäler (MENSCHING 1970), die sich durch das Fehlen eines ausgeprägten Gerinnebettes auszeichnen, werden im ehemals französischen Westafrika Bas-fonds genannt. In anderen Teilen Afrikas heißen sie Dambos (MÄCKEL 1985; THOMAS & GOUDIE 1985). Sofern in den Bas-fonds das Wasser nicht für längere Zeit stehen bleibt, sind sie gesuchte Standorte für die anspruchsvolleren Feldfrüchte und in jüngerer Zeit auch für die Anlage von Obst- und Gemüsegärten. In den meisten Bas-fonds der Vorländer des Sandsteinzuges von Gobnangou bleibt das Wasser nach der Regenzeit lange Zeit stehen, so daß in relativ großem Umfang Reis angebaut werden kann. Eine weitere Nutzungsform der Bas-fonds entwickelte sich in jüngerer Zeit vor allem in Zusammenhang mit dem Straßenbau. Oftmals werden die Abflüsse der Bas-fonds durch befestigte Dämme versperrt, auf denen dann die Pisten verlaufen. Das solcherart aufgestaute Wasser dient der Bevölkerung während der Trockenzeit als Brauchwasser oder Viehtränke. Üblicherweise jedoch gehen die Bas-fonds hangabwärts in mehr oder weniger tief eingeschnittene Gerinnebetten über, die nur während der Regenzeit wassererfüllt sind und Marigots genannt werden. Diese meist kastenartigen Flutbetten (MENSCHING 1970) leiten zu den größeren Flußbetten über.

1.4 Arbeitsmethoden

Die Geländearbeiten erfolgten bei drei Aufenthalten in Burkina Faso. Beim ersten Aufenthalt von Oktober 1988 bis März 1989 wurden mit dem Pürckhauer-Bohrstock Catenen gelegt, um die in Abhängigkeit von Relief und Gestein entstandenen Böden zu erfassen (zur Methode s. SEMMEL 1985). Dabei mußten eine Reihe unvorhergesehener Schwierigkeiten überwunden werden. Die topographischen Karten (größter Maßstab 1 : 200 000) waren anhand von Luftbildern aus den 50er Jahren angefertigt worden. Die darauf verzeichneten Pisten stimmten mit den tatsächlich vorhandenen nicht überein. So wurden anfangs zur Lagebestimmung der Catenen die Pisten mit Kilometerzähler und Kompaß vermessen. Später standen dann Luftbilder im Maßstab 1 : 50 000 aus dem Jahr 1986 zur Verfügung, die auch stereoskopisch ausgewertet werden konnten. Dies war von großem Nutzen, da die Äquidistanz der Isohypsen auf der topographischen Karte 40 m betrug und daher in den ebeneren Geländebereichen hinsichtlich der Reliefierung wenig interpretationsfähig war. Die vorhandenen geologischen Karten in den Maßstäben 1 : 200 000 und 1 : 500 000 stammten aus den 50er und 60er Jahren und waren auf der Grundlage einer älteren, mittlerweile revidierten stratigraphischen Gliederung erstellt worden. Zu Fragestellungen bezüglich der Landnutzung und des Wasserhaushaltes konnten später SPOT-Szenen ausgewertet werden, die zusätzliche Informationen enthielten.

Beim zweiten Geländeaufenthalt von Oktober 1989 bis März 1990 wurden Catenen zu spezielleren Fragestellungen gelegt. Aufgrund der Arbeit mit Luft- und Satellitenbildern wurden zudem gezielt Gebiete aufgesucht, die mit dem Auto nicht erreichbar waren. Beispielsweise erfolgten ausgedehnte Fußmärsche auf die Sandsteinhochfläche. Im Verlauf des zweiten Feldaufenthaltes wurde auch begonnen, die Gulmancé über die von ihnen genutzten Böden zu befragen. Diese Arbeit wäre ohne Herrn M. Lompo, der mir von Herrn D. Ruten von der protestantischen Mission in Madaaga vermittelt worden war, nicht durchzuführen gewesen. Er war Dolmetscher, Ortskundiger und Kontaktperson zugleich. In verschiedenen von mir bezeichneten Ortschaften wählte er alte, erfahrene Bauern aus, die dann gemeinsam aufgesucht wurden. Die Befragungen waren so angelegt, daß zunächst nach den in der Umgebung des Dorfes verfügbaren Böden gefragt wurde. Zu den genannten Böden wurden dann Beschreibungen hinsichtlich der äußeren Merkmale (Farbe, Textur, Gründigkeit, Durchfeuchtung, "Härte"), der Ertragsfähigkeit und der speziellen Anbaumethoden erfragt. Anschließend wurden zuvor bezeichnete Böden und Standorte aufgesucht und Bohrungen vorgenommen.

Diese Arbeit wurde bei dem dritten Feldaufenthalt von August bis Oktober 1990 fortgesetzt. Zu dieser Jahreszeit, in der sich die Feldfrüchte im fortgeschrittenen Wachstumsstadium befinden, zeigte sich deutlich, welche Feldfrüchte auf welchen Böden wie gut gediehen. Es war auch von großem Nutzen, in dieser Jahreszeit Mofas bzw. Motorräder zur Verfügung zu haben, da die meisten Standorte - die Felder waren noch nicht geerntet - nur auf schmalen Feldwegen zu erreichen waren. Abschließend wurde von Herrn Lompo eine Liste von Boden-, Relief-, Pflanzen- und Ortsbezeichnungen in Gulmancéma auf Tonband gesprochen. Die Tonbandaufzeichnungen wurden dann freundlicherweise von der Linguistin Kerstin Winkelmann transkribiert.

Während aller Geländeaufenthalte wurden repräsentative Bodenprofile beprobt und die Bodenproben im Labor des Instituts für Physische Geographie in Frankfurt a. M. analysiert. Untersucht wurden vor allem die Korngrößenverteilung, der pH-Wert und die Kationen-Austauschkapazität des Feinbodens. Eine Aufstellung der Labormethoden ist im Anhang aufgeführt.

2 Klima

Die jährliche Durchschnittstemperatur im Südosten von Burkina Faso beträgt etwa 28°C. Das langjährige Mittel der auf die Regenzeit im Sommer konzentrierten Niederschläge liegt bei 900 mm. Nach der Klimaklassifikation von Troll/Paffen gehört das Gebiet zur V3-Zone (Savannenklima), nach der Zonierung von Koeppen/Geiger liegt es an der Grenze vom Aw- zum BSh-Klima (MÜLLER 1987).

Der Jahresgang des Klimas läßt sich in drei "Jahreszeiten" unterteilen. Im Anschluß an die Regenzeit von Mitte Mai bis Anfang Oktober folgt die "kalte" Trockenzeit (Abb. 3). Von November bis März bläst der NE-Passat, der in Westafrika Harmattan genannt wird. Er transportiert große Mengen Staub und überzieht die Landschaft manchmal wochenlang mit einem dichten Dunstschleier. In den kältesten Monaten Dezember und Januar können die Temperaturen nachts auf 10°C abfallen. Im März dreht dann der Wind auf südwestliche Richtungen. Die heiße Trockenzeit beginnt. Die Luftfeuchtigkeit nimmt zu und in den heißesten Monaten April und Mai können die Temperaturen Tageshöchstwerte von über 45°C erreichen (MÜLLER 1987; RUDLOFF 1981).

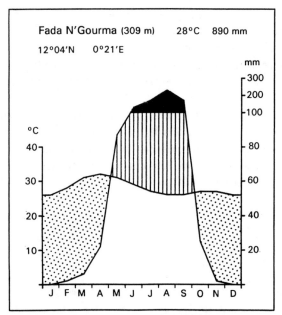

Abb. 3 Klimadiagramm von Fada N'Gourma
(Daten aus RUDLOFF 1981:409)

Die jährlichen Niederschlagsmengen unterliegen starken Schwankungen. Die Abweichungen von den Mittelwerten können so groß sein, daß es in der Landwirtschaft bei sehr geringen Niederschlägen zu Dürreschäden kommt, oder - je nach Standort - bei sehr hohen Niederschlagsmengen die Bodenvernässung ebenfalls zu Ertragseinbußen bis hin zum völligen Ernteverlust führen kann. Auch die Durchschnittswerte längerer Meßperioden differieren noch stark voneinander. Isohyetenkarten von Burkina Faso zeigen je nach Meßperiode recht unterschiedliche Niederschlagsverteilungen. Beispielsweise liegen die Isohyeten für die Meßperiode 1961-1970 etwa 50-150 km nördlich der entsprechenden Isohyeten für den Zeitraum von 1971-1980 (MIETTON 1988:21; vgl. DAO & NEUVY 1988:231).

Tab. 1 zeigt die Durchschnittswerte zehnjähriger Meßperioden in Diapaga (die jüngeren Niederschlagsdaten aus der Region von Gobnangou wurden freundlicherweise von Herrn M. Traoré von den O.R.D. in Diapaga zur Verfügung gestellt). An der Ortschaft Kodjari (Tab. 2; Abb. 4) zeigt sich, in welchem Maße die Niederschläge von Jahr zu

Tab. 1 Niederschlagsdurchschnittswerte unterschiedlicher Meßperioden in Diapaga

Meßperiode	Niederschlag in mm	Quelle
1961-1970	888,6	GUINKO (1984:21)
1971-1980	734,3	GUINKO (1984:21)
1981-1990	769,8	O.R.D./Diapaga
Durchschnitt 1961-1990:	797,6	

Tab. 2 Niederschlagsmengen in der Region Gobnangou

	Madaaga	Kodjari	Tansarga	Tambaga	Diapaga
1981	**568,9**	695,6	**523,0**	-	611,1
1982	759,7	747,5	785,0	-	793,2
1983	681,0	**517,1**	-	-	645,1
1984	905,5	557,9	-	-	731,4
1985	667,8	712,6	731,0	814,2	827,1
1986	911,6	887,0	619,7	721,3	802,4
1987	822,4	811,5	824,5	677,3	663,5
1988	**1150,3**	**1384,5**	**1169,5**	**1073,3**	**1199,9**
1989	926,1	-	-	809,8	780,3
1990	821,7	-	-	**613,2**	643,9

Extremwerte sind fettgedruckt (Quelle: O.R.D. in Diapaga)

Jahr variieren können. Während 1983 dort nur 517,1 mm Niederschlag fielen, waren es 1988 1384,5 mm, mehr als das 2,5-fache. Neben den von Jahr zu Jahr schwankenden Niederschlägen treten auch große regionale Unterschiede auf. So fielen 1984 in Kodjari nur 557,9 mm Niederschlag, im nur 25 km entfernten Madaaga hingegen waren es 905,5 mm.

Während der Regenzeit fallen die Niederschläge in Form von kurzen Starkregen an relativ wenigen Tagen. So erhält Fada N'Gourma im lang-jährigen Mittel selbst im regenreichsten Monat August nur an 15 Tagen Niederschlag (RUDLOFF 1981:409). Am Anfang und Ende der Regenzeit können auch längere Dürreperioden von ein bis zwei Wochen auftreten. Gerade zu Beginn der Regenzeit können solche Dürreperioden für frisch gekeimte Saat verheerende Folgen haben. Der Zeitpunkt der Aussaat ist daher für die Bauern mit großen Risiken behaftet. Umso früher die Aussaat erfolgt, desto länger ist der niederschlagsreiche Zeitraum, der von den Feldfrüchten genutzt werden kann, desto größer ist aber auch die Gefahr von Dürreschäden schon zu Beginn der Wachstumsphase (vgl. FAUST 1991:22ff.; HUBERT & CARBONNEL 1988).

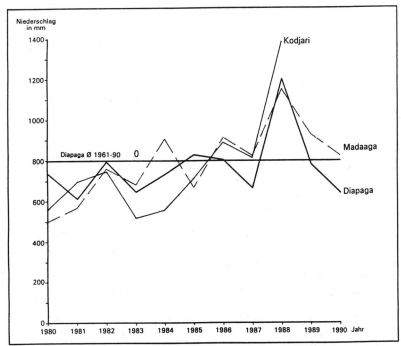

Abb. 4 Niederschlagsdiagramme einiger Ortschaften in Gobnangou
(Quelle: O.R.D. in Diapaga)

3 Vegetation

Die typische Vegetationsform der wechselfeuchten Tropen ist die Savanne, die durch den Wechsel von Gras- und Gehölzpflanzen gekennzeichnet ist. Als klimatische Grenze zwischen Feucht- und Trockensavanne wird oft die 1000 mm-Isohyete herangezogen. In Westafrika wird die Trockensavanne weiterhin in Sudan-Savanne (5-7½ aride Monate) und die nördlich anschließende Sahel-Savanne mit 7½-10 ariden Monaten unterteilt. Das Vegetationsbild der Sudan-Savanne ist eine Baumsavanne (savane arborée, savanna woodland), in der mittelhohe, teils dornige Bäume vorherrschen. Während der Trockenzeit werfen die meisten von ihnen das Laub ab. Die Baumdichte variiert je nach Wasserangebot, Bodenqualität und Nutzungsintensität. Auf sehr geringmächtigen Böden, beispielsweise über Lateritkrusten, kann der Baumbestand zugunsten reiner Grasfluren zurücktreten. Entlang der Flüsse hingegen sind oft dichte Galeriewälder mit hochgewachsenen Bäumen ausgebildet. Viel diskutiert wird der anthropogene Einfluß auf die Savannenvegetation. Es ist weitgehend unklar, in welchem Ausmaß die aktuelle Vegetationszusammensetzung lediglich unterschiedliche Degradationsstadien einer durch selektive Nutzung, Buschbrand, Rodung, Bodenerosion und (Über-) Weidung beeinflußten potentiellen natürlichen Vegetation darstellt (MÜLLER-HOHENSTEIN 1981; IBRAHIM 1984). Beispielsweise kartierte PARNOT (1988) anhand von Satellitenbildern die in der Trockenzeit 1986/87 in Burkina Faso vom Feuer erfaßten Flächen. Danach waren in der Provinz Tapoa über 50 % der Gesamtfläche abgebrannt worden.

Der Südosten von Burkina Faso wird von einer für die Sudan-Zone typischen Vegetation bedeckt. Sie enthält an trockneren oder stärker degradierten Standorten viele Baumarten des Sahel. Hierzu gehören *Acacia senegal, Acacia nilotica, Acacia raddiana, Balanites aegyptiaca, Bauhinia rufescens, Boscia angustifolia, Commiphora africana, Combretum glutinosum, Maerua crassifolia, Pterocarpus lucens* und *Ziziphus mauritania*. Teppichbildende Gräser sind *Andropogon gayanus* und *Cymbopogon ssp.* (PERON et al. 1975:17). Dazu treten die für die Sudan-Zone typischen Bäume *Acacia seyal, Boswellia dalzielli, Cassia siberiana, Entada africana, Khaya senegalensis, Lannea acida, Lannea microcarpa, Sclerocarya birrea, Terminalia avicennoides* und *Ximenia americana*. Auf stark degradierten Flächen wachsen neben verschiedenen *Combretum*-Arten, *Guiera senegalensis, Piliostigma reticulata* und *Piliostigma thonnigii*. Auf Lateritkrusten tritt vor allem *Combretum micranthum* und das Gras *Loudetia togoensis* auf. In den regelmäßig überfluteten Gebieten wachsen die Baumarten *Mitragyna inermis, Nauclea latifolia* und *Acacia campylacantha*. In den Galeriewäldern entlang der Flüsse finden sich *Pterocarpus santalinoides, Crataeva adansonii, Celtis integrifolia, Diospyros mespiliformis* und *Cola laurifolia*. Waldinseln, wie sie in der

Nähe von Ortschaften als 'bois sacré' und in den Schutzgebieten der 'forêts classées' vorhanden sind, werden von Holzeinschlag und Buschbrand verschont. Sie gelten teilweise als Relikte einer echten Klimax-Vegetation. Hier treten neben dem meist vorherrschenden *Anogeissus leiocarpus* auch *Pterocarpus erinaceus, Burkea africana, Afzelia africana, Albizia chevallieri, Isoberlinia doka* und *Detarium microcarpum* auf (PERON et al. 1975:17f.; PALLIER 1982:48).

GUINKO (1984/85) nutzt das Auftreten von *Isoberlinia doka* um die Sudanzone in Burkina Faso in einen nördlichen und einen südlichen Bereich zu unterteilen. Dabei entspricht der Nordrand ihrer Verbreitung etwa der 1000 mm-Isohyete, deren Verlauf er im Südosten von Burkina Faso im Bereich des Sandsteinzuges von Gobnangou einzeichnet, so daß dieser praktisch die natürliche Grenze zwischen nördlicher und südlicher Sudanzone bildet. Die südliche Sudanzone unterteilt er weiterhin in vier Distrikte, die er anhand der Artenzusammensetzung in den Galeriewäldern entlang der Flüsse unterscheidet. Der Pendjari-Distrikt ist dabei durch das natürliche Auftreten der Borassus-Palme (*Borassus aethiopium*) gekennzeichnnet, die meist mit *Anogeissus leiocarpus, Daniellia oliveri* und *Khaya senegalensis* vergesellschaftet ist.

Ausführliche Beschreibungen der Flora von Burkina Faso liegen von TERRIBLE (1984) und GUINKO (1984) vor. TERRIBLE hat die Artenzusammensetzung auf unterschiedlichen Standorten untersucht und gibt für eine Vielzahl von Pflanzen die Ansprüche an Boden und Wasserangebot, ihre Vergesellschaftung mit anderen Pflanzen und Nutzungsmöglichkeiten an. GUINKO beschreibt ebenfalls Pflanzengemeinschaften verschiedener Standorte und geht auch auf den Einfluß von Mensch und Wildtieren ein. Eine große Zahl Gehölzpflanzen beschreibt ausführlich MAYDELL (1986).

Neben den bisher aufgeführten Baumarten, deren Verbreitung an Standortbedingungen und das Ausmaß anthropogener Beeinflussung gebunden ist, gibt es einige Arten, deren Blätter oder Früchte begehrte Nahrungsmittel sind. Diese Bäume werden vor Rodung und Beweidung geschützt. Besonders in der Nähe von Ortschaften prägen sie sehr stark das Landschaftsbild mit. Es sind:

Botanischer Name	französisch	deutsch
Adansonia digitata	Baobab	Affenbrotbaum
Butyrospermum parkii	Karité	Schibutterbaum
Bombax costatum	Kapokier rouge	
Lannea microcarpa	Raisinier	
Parkia biglobosa	Néré	
Tamarindus indica	Tamarinier	Tamarinde

In den Vorländern des Sandsteinzuges von Gobnangou sind vielerorts auch Mangobäume (*Mangifera indica*) gepflanzt worden, deren dichte Blätterdächer während der Trockenzeit hervorragende Schattenspender sind. Als Alleebäume und Holzlieferanten werden zunehmend der aus Indien eingeführte Niem-Baum (*Azadirachta indica*) und *Eucalyptus camaldulensis* angepflanzt.

Einige Baumarten seien noch genannt, die in Gobnangou relativ häufig anzutreffen sind, bisher aber nicht angeführt wurden. Es sind *Acacia gourmaensis*, *Strychnos spinosa* und *Ficus ssp.* Entlang von Bächen und an Wasserstellen in dem Sandsteinzug sind zudem zahlreiche Arten anzutreffen, die keine typischen Vertreter der Sudanzonen-Vegetation sind, sondern die vielmehr für südlichere, humidere Gebiete charakteristisch sind (pers. Mitt. KÜPPERS).

Abschließend bleibt festzuhalten, daß Artenspektrum und Vegetationsbild im Südosten von Burkina Faso in hohem Maße Ausdruck der zahlreichen anthropogenen Aktivitäten sind (vgl. NEUMANN & BALLOUCHE 1992). Auf weiten Flächen stellt die Vegetationszusammensetzung lediglich unterschiedliche Sukzessionsstadien auf brach gefallenen Feldern dar (WITTIG et al. 1992). Die Entnahme von Brennholz, regelmäßiges Abbrennen und Beweidung, vor allem durch Rinder und Ziegen, führt zu einer Verschiebung des Artenspektrums zugunsten besonders resistenter Pflanzen. Wenngleich Bäume nur in Ausnahmefällen angepflanzt werden, so kommt es doch zu einer selektiven Zunahme bestimmter Baumarten, die intensiv genutzt und deshalb besonders geschont werden. Gerade in der Umgebung von Ortschaften wird das Landschaftsbild von weit auseinanderstehenden, hochgewachsenen "Nutzbäumen" mit oft weit ausladenden Kronen bestimmt. Für diese Gebiete ist die Bezeichnung Kulturbaumparke, wie sie von KRINGS (1991a, 1991b, vgl. KESSLER & BONI 1991) verwendet wird, sicherlich zutreffender als der eher unspezifische Begriff Baumsavanne.

4 Geologie

Das westafrikanische Festland besteht aus dem westafrikanischen Kraton und den angrenzenden Mobilitätszonen. Der Kraton selbst ist aus Gesteinen aufgebaut, die im Archaikum (=Präkambrium D) während der Liberian-Orogenese vor über 2,5 GA metamorphisiert wurden (Ante-Birrimien) und solchen, die während der nachfolgenden Eburnian-Orogenese im unteren Proterozoikum (=Präkambrium C, zwischen 2,5 und 1,6 GA) metamorphisiert wurden, wobei große Mengen Granit aufdrangen (Birrimien) (HOTTIN & OUEDRAOGO 1975; BESSOLES 1983; FABRE 1983:357). Die Gesteine des Birrimien und Antebirrimien stehen allerdings nur im Bereich der Schwellen bzw. Schilde an der Oberfläche an. Im Norden des Kratons ist es die Reguibat-Schwelle, die auch Eglab-Schwelle genannt wird (MACHENS 1966). Im Süden ist es die Leo-Schwelle (dorsale de Léo = Man-Shield). Den Hauptteil des westafrikanischen Kratons nehmen die sedimentgefüllten Becken ein. Das größte ist das Taoudeni-Becken im Zentrum des Kratons. Das Tindouf-Becken ganz im Norden und das Volta-Becken im Südosten sind wesentlich kleiner.

Das Arbeitsgebiet erstreckt sich über das Sandsteinmassiv von Gobnangou und seine beiden Vorländer. Das nördliche Vorland ist Teil der Schwellenlandschaft des Leo-Schildes. Hier stehen überwiegend Granite und Migmatite an, wobei letztere sehr basisch sein können (Amphibolite). Das Landschaftsbild wird von weiten Ebenen geprägt, auf denen Lateritkrusten vorherrschen, so daß das anstehende Gestein nicht sichtbar wird. Nur selten ragen Amphibolitkuppen oder Elefantenrücken aus Granit aus der ebenen Landschaft. Nördlich von Arli steht der Mt. Pagou. Es ist der einzige Zeugenberg aus Sandstein, der sich hier in 7 km Entfernung von der Falaise erhalten hat. Der Sandstein sowie die Schiefer der Pendjari-Ebene gehören zu den Sedimentgesteinen des Volta-Beckens.

4.1 Die Sedimentgesteine des Volta-Beckens

Zwischen 2°30' westlicher und 3° östlicher Länge sowie 6° und 12°30' nördlicher Breite gelegen, hat das Volta-Becken die Form einer Birne, deren kleinerer Ausläufer nach Nordosten zeigt (Abb. 5). Sein Zentrum liegt in Ghana, wo es die naturräumliche Grundlage für den Volta-Stausee bildet. Die Entstehung des Volta-Beckens begann im oberen Proterozoikum mit der Absenkung des östlichen Randbereiches des Leo-Schildes. Die Absenkung vollzog sich über einen sehr langen Zeitraum, die jüngsten Formationen stammen aus dem Paläozoikum. Parallel dazu gab es starke Klimawechsel und tektonische Aktivitätsphasen in der östlich angrenzenden Mobilitätszone, so

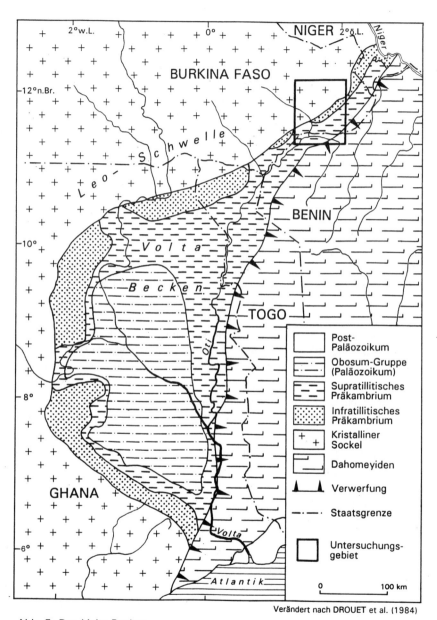

Abb. 5 Das Volta-Becken

Verändert nach DROUET et al. (1984)

daß die Beckenfüllung heute drei großen Sedimentationszyklen zugeordnet wird, die jeweils durch Diskordanzen, also zwischenzeitliche Phasen der Abtragung, voneinander getrennt sind.

Auf der Arbeit von LEPRUN & TROMPETTE (1969) gründet eine bis heute gültige Stratigraphie. LEPRUN & TROMPETTE berichten über den Fund eines Tillits bei Tansarga (Gobnangou-Massiv). Der Tillit bedeckt den Grund einer Mulde in dem Sandstein, die offensichtlich durch Gletscherschurf entstand, da sie noch die charakteristischen Schrammungen zeigt: Die Schrammen folgen der stufenförmigen und geradlinig verlaufenden Kante der Mulde (Richtung von Schrammen und Muldenkante: N 100°). Der Tillit bildet die Basis einer Sedimentationsabfolge Tillit-Kalkstein-Kieselschiefer, die hier dem stark glazial reliefierten Sandstein aufliegt. Die Grenze zwischen dem unterlagernden Sandstein und der nachfolgenden "Triade" (LEPRUN & TROMPETTE 1969) ist so markant, daß seither die präkambrischen Gesteine des Volta-Beckens in "infratillitische" und "supratillitische" unterschieden werden (z. B. DROUET 1986). Die posttillitischen Ablagerungen verfüllten vor allem die glazial ausgeräumten Bereiche. Dies erklärt, warum bei ungestörter Lagerung die älteren Sandsteine die jüngeren Formationen überragen (vgl. SOUGY 1971).

Die stufenbildenden Sandsteine des Beckenrandes faßte AFFATON (1975) in der Groupe de Dapango-Bombouaka zusammen, die durch die glaziale Diskordanz von der nachfolgenden Groupe de la Pendjari getrennt wird. Die Groupe de Dapango-Bombouaka unterteilte er in drei Formationen: Zwischen zwei mächtigen Sandsteinpaketen befindet sich eine Schicht feinkörnigerer Sedimentgesteine, vorwiegend Schiefer und Schluffsteine (shales et siltstones, AFFATON 1975:40).

Es ist die unterste Sandsteinformation, aus der das Massiv von Gobnangou (auch das von Madjoari) aufgebaut ist. Diese Sandsteine werden von AFFATON (1975:29ff.) in dem Profilschnitt C1 von Tansarga erfaßt und als Formation de Tansarga beschrieben: Es handelt sich ausschließlich um Quarzit-Sandsteine aus Fein- und Mittelsanden. Sie sind von hellgrauer Farbe, die ins gelbliche oder rötliche tendieren kann. Besondere Merkmale sind häufige Schrägschichtungen und Rippelmarken. Aufgrund der makroskopischen Merkmale parallelisiert AFFATON (1975:50) die Formation de Tansarga mit der Formation de Tossiegou im benachbarten Togo. Letztere wird dort von der Formation de Poubogou (Schiefer und Schluffsteine) und der Formation de Panabako überlagert, deren fazielle Ausprägung der der Formation de Tossiegou (bzw. Tansarga) sehr ähnlich ist. Es sind ebenfalls Quarzit-Sandsteine mit Schrägschichtungen und Rippelmarken. Im Gegensatz zu denen von Tansarga enthalten sie jedoch erhebliche Anteile an Feldspäten und Glimmern (AFFATON 1975:43). Im Gebiet der Chaîne de Gobnangou sind keine Äquivalente zu den Formationen von Poubogou und Panabako vertreten, so daß hier eine große Schichtlücke zu verzeichnen ist.

Nach Geländearbeiten in Nord-Togo verfeinerten DROUET et al. (1984) die Stratigraphie dieser ältesten Hauptgruppe, indem sie sie in sechs Formationen unterteilten, die jeweils durch schwache Diskordanzen voneinander getrennt sind. Die Groupe de Dapaong unterteilen sie dabei in eine obere Formation de Dapaong, die aus Quarzit-Sandsteinen aufgebaut ist und die von den feinkörnigeren Ablagerungen der Formation de Korbongou unterlagert wird. Aufgrund der faziellen Beschreibung der Formationen ist es naheliegend, daß es vor allem mit der Formation de Dapaong zu parallelisierende Straten sind, aus denen das Massiv von Gobnangou besteht.

Die nachfolgende Hauptgruppe Groupe de la Pendjari wird nach AFFATON (1975) in zwei Formationen untergliedert: Formation de Kodjari und Formation de la Pendjari. Die Formation de Kodjari besteht aus der bereits erwähnten Triade Tillit - Kalkstein - Kieselschiefer sowie den anschließenden, sehr phosphatreichen Schluffsteinen. Die Beschreibung der Lithofazies ist nach AFFATON (1975:32ff.) wie folgt (von unten nach oben):

Bei den **Tilliten** handelt es sich um Konglomerate, die Fremdgesteine in Größen von 2- 1500 mm enthalten. Es sind Quarzit-Sandstein, Granit, Gneis, Quarzit, Schiefer, Rhyolit und Diorit darin vorhanden. Die Steine sind unterschiedlich gut gerundet und z. T. gekritzt. Vor allem anhand der Matrix können drei Schichten unterschieden werden: Eine untere, schlecht verfestigte, die sehr sandreich ist und als Grobkomponenten nur Quarzit-Sandstein enthält; eine mittlere, massive, mit tonig-sandigem Bindemittel und muscheligem Bruch und eine obere, mit groben Blöcken in einer tonig-sandigen, kalkhaltigen Matrix.

Die **Kalksteine** treten nur in einer sehr dünnen Schicht von maximal drei Metern auf (bei Arli). Das Gestein ist gelblich und hat oft Klüfte, die mit Kalcit ausgeheilt sind. Die Matrix kann tonig, schluffig und Fe-reich sein.

Die **Kieselschiefer**-Schichten sind die mächtigsten und zugleich markantesten. Sie stehen in dünnen Bänken von wenigen Zentimetern Stärke an und brechen in quaderförmige Platten. Die Matrix ist kryptokristallin und schwarz, blaugrün, grau oder rötlich. Bei der Verwitterung entstehen an den Quadern konzentrische, farbige Linien.

Die **Phosphate** treten nur örtlich auf. Funde gibt es bislang in Burkina Faso bei Kodjari sowie in Arli und Aloub Djouna. Im angrenzenden Nationalpark "W" im Niger wurden weitere Vorkommen an den Flüssen Tapoa und Mekrou gefunden (TROMPETTE et al. 1980). Nach AFFATON (1975:60f.) sind die Phosphate oolithisch und hellgrau, gelbgrau bis graubraun, und der P_2O_5-Gehalt liegt zwischen 26,8 und 32,1 %.

Die Formation de la Pendjari besteht aus mehreren tausend Meter mächtigen Schichten von Schiefern, Schluffsteinen und feinen Sandsteinen mit Einschaltungen von dünnen Kalksteinbänken, Kieselschiefern und Grauwacken. Die Formation mit dem deutlichen Flysch-Charakter (AFFATON 1975:50) füllt den Nordteil des Volta-Beckens von den Sandstein-Massiven im Westen bis zu den Dahomeyiden im Osten. Die morphologisch weichen Sedimentgesteine bilden den Untergrund der weiten, äußerst flachen Ebene, in der der Pendjari seinen Lauf nimmt.

Die Sedimente des dritten großen Zyklus, die Groupe de l'Obosum, wurden nur im zentralen Teil des Beckens, im heutigen Ghana abgelagert. Sie gelten als die Molasse der Dahomeyiden.

Am Nordrand des Sandsteinzuges von Gobnangou ist die Mächtigkeit der Sandsteinschichten ausgesprochen gering und beträgt oft nur wenige Dekameter. Nordöstlich von Pentenga entspricht die Oberfläche des Vorlandes der Auflagefläche des Sandsteins auf dem Kristallin (vgl. BEAUDET & COQUE 1986). Dies ist im Verlauf der von Diapaga kommenden Piste, die bei Pentenga den Sandsteinzug quert, leicht zu erkennen. Die Piste verläuft nach Eintritt in das Sandsteinmassiv (in ca. 310 m ü. M.) etwa 3 km weit auf einer Lateritebene (s. Kartenbeilage). Dann quert sie einen großen Erosionsgraben, in dem saprolithisiertes Kristallin ansteht. An den Rändern der Erosionsform ist die Lateritkruste angeschnitten, die den Abschluß der Zersatzzone auf dem Kristallin bildet. In diesem Bereich handelt es sich bei den Sandsteinblöcken entlang der Paßstraße also nicht um Gipfel eines kompakten Sandsteinmassivs, die aus einer sedimenterfüllten Ebene aufragen, sondern um isolierte Felsen, die dem kristallinen Sockel aufliegen. Die Lateritebene setzt sich im nördlichen Vorland gen NE bis nach Kaabougou fort, wobei sie wiederholt buchtartig in den Sandsteinzug hineingreift.

Bei Yobri, wo die Sandsteinstufe mit gut 100 m gegenüber dem Vorland die größten relativen Höhen erreicht, sind jedoch nur die letzten 20 - 30 m in situ anstehender Sandstein. Darunter folgt kristallines Gestein, das wiederholt durch den Hangschutt ragt. Im nördlichen Vorland liegt die Basis des Sandsteins also zwischen 270 und 310 m, wobei entlang der Paßstraße bei Pentenga noch ein Ansteigen der Fläche von 308 auf über 320 m zum Inneren des Sandsteinzuges hin festzustellen ist (Abb. 8, vgl. auch Abb. 18).

Auf der südlichen, dem Beckeninneren zugewandten Seite des Sandsteinmassivs zeigt sich ein ganz anderes Bild. Hier fällt der Sandstein stellenweise als steile Wand bis auf Höhen von 200 - 240 m ü. M. ab und taucht in sandige Sedimente ein. Vergleicht man diese Höhenangaben mit denen des unterlagernden Kristallins am Nordrand des Sandsteinmassivs, so ergibt sich, daß das Kristallin unter dem Sandstein relativ steil zum Beckeninneren abfällt. Dies wird von den hangenden Sandsteinschichten nachgezeichnet. Während die Schichten am Nordrand des Sandsteinzuges eher flach nach SE einfallen, fallen sie am Südrand vergleichsweise steil ein.

4.2 Tektonik

Während die zentralafrikanische Mobilitätszone ein Gebiet hoher tektonischer Aktivität ist, gilt der westafrikanische Kraton als relativ stabiler Block, der jedoch der bruchtektonischen Zerlegung unterliegt (MACHENS 1966; vgl. GUIRAUD 1986, BLANCK & TRICART 1990). Nach GUIRAUD & ALIDOU (1981) herrschte in der zentralafrikanischen Mobilitätszone gegen Ende der Kreidezeit tektonische Aktivität. Die Verwerfung von Kandi im nahen Benin mit einem 15 - 20°E-Verlauf verstellte infolge einer Kompressionsphase ältere kretazische Ablagerungen, tertiäre Sedimente jedoch nicht. Auf eine tektonische Beanspruchung der Falaise de Gobnangou oder der näheren Umgebung wird in den bisher aufgeführten Quellen nicht hingewiesen. Dabei legt der Sandstein mit einer Vielzahl von Lineamenten, die auf Luft- und Satellitenbildern gut zu erkennen sind, eine dahingehende Vermutung nahe. Selbst auf der topographischen Karte im Maßstab 1 : 200 000 ist noch eine große Zahl tiefreichender Einschnitte zu erkennen, die eine tektonische Anlage nahelegt. Teilweise erfahren die Kluftzonen in den Vorländern des Sandsteinzuges eine Fortsetzung, die durch die Gerinnebetten markiert wird (Abb. 6). Es lassen sich zwei vorherrschende Kluftrichtungen herauslesen. Die erste verläuft senkrecht zum Streichen des Sandsteinzuges, also in NW-SE-Richtung. Ein markantes Beispiel für diese Kluftrichtung liegt bei Madaaga, wo zwei im Abstand von 500 m parallel verlaufende Kluftzonen in den Sandstein eingeschnitten sind und sich bis zur anderen Seite des Sandsteinzuges fortsetzen. Die zweite Hauptkluftrichtung verläuft N-S bzw. NNE-SSW. Dieser Richtung folgen die am stärksten ausgeräumten Klüfte. Auch der Arli verläuft auf der Höhe des Sandsteinzuges beim Eintritt in die Pendjari-Ebene über mehrere Kilometer geradlinig in der genannten Richtung.

Ebenfalls dieser Richtung folgt eine vermutete Verwerfung nördlich von Kodjari. In einem engen Tälchen mit dem dargelegten Verlauf bildet auf der Westseite der Sandstein eine steile Stufe von bis zu 10 m Höhe. Die gegenüberliegende Seite bilden stark gewellte Hügel, die im Norden aus Kieselschiefer, weiter südlich aus Schiefer aufgebaut sind. Die Schichten fallen relativ steil in süd- bis südöstliche Richtung ein. Am Fuß der Schieferhügel finden sich dezimetergroße Stücke vererzten Schiefers. Es ist naheliegend, daß es sich hier um eine Verwerfung handelt, die mit der Tektonik der zentralafrikanischen Mobilitätszone in Verbindung steht. Ihr Verlauf entspricht dem der kreidezeitlichen Verwerfung von Kandi (GUIRAUD & ALIDOU 1981). Im Gegensatz zu dem eher flachen Schichtfallen, wie es bei den Kieselschiefer- und Kalksteinschichten des nahen Laterittafelberges (s. Abschnitt 5.1) jenseits der Verwerfung der Fall ist, fallen die Schieferpakete entlang der Bruchlinie relativ steil ein.

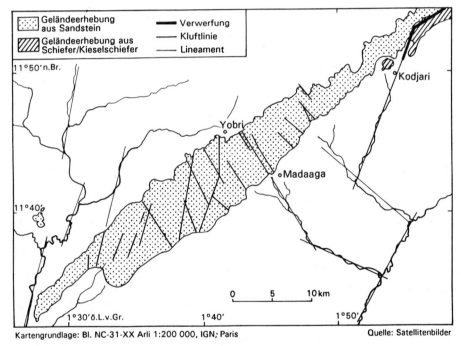

Kartengrundlage: Bl. NC-31-XX Arli 1:200 000, IGN; Paris   Quelle: Satellitenbilder

Abb. 6 Kluftsysteme in der Region Gobnangou
(nach Karten- und Satellitenbildinterpretation)

5 Relief

Die Anlage der Oberflächenformen in Gobnangou reicht bis ins Präkambrium. Schon die Ablagerungen der ältesten Sedimente des Volta-Beckens erfolgten auf einer reliefierten Oberfläche. Dieses Prärelief ist bis heute für den Landschaftshaushalt bedeutsam, da es als Staukörper unter dem durchlässigen Sandstein die Wasserabflußrichtung mitbestimmt. Nach der Ablagerung des Sandsteins erfuhr die Landschaft eine zweite Reliefierung durch die präkambrische Vereisung. Die Gletscher schürften tiefe Trogtäler, die anschließend mit feinkörnigen Sedimenten verfüllt wurden. Die morphologisch weichen Schiefer und Schluffsteine waren für die Flüsse, die den Zutritt in das Volta-Becken suchten, leichter zu erodieren als der benachbarte Sandstein. So folgt die Anlage des rezenten hydrographischen Netzes in wesentlichen Teilen den - glazial geschaffenen - präkambrischen Oberflächenformen (vgl. HUNTER & HAYWARD 1971). Auch der Arli schnitt sich in die Schieferpartien zwischen den Höhenzügen von Madjoari und Gobnangou ein.

Der gegenwärtige Formenschatz in Gobnangou beinhaltet Formenelemente, die den drei großen Landschaftstypen Rumpfflächen-, Schichtstufen- und Karstlandschaft zugeordnet werden können (vgl. SEMMEL 1991).

Die Sudanzone in Westafrika kann als klassische Rumpfflächenlandschaft angesehen werden. "Die oberflächlichen Verkrustungserscheinungen, die sog. "cuirasses ferrugineux" und "carapasses lateritiques", wie sie in der französischen Literatur genannt werden .... scheinen sich im Sudan-Gürtel mit einer Intensität zu bilden, wie sie nirgendwo sonst auf der Welt zu beobachten ist" (BARTH 1970:20). Weite Lateritebenen, die vor allem auf dem kristallinen Sockel ausgebildet sind, prägen auch im Südosten von Burkina Faso das Landschaftsbild. Sie werden vereinzelt von Laterittafelbergen überragt, die Relikte älterer Verebnungsniveaus sind. In dem untersuchten Gebiet ist es vor allem die Region zwischen Diapaga, Namounou und Tansarga, auf die diese Beschreibung zutrifft. Der Sandsteinzug selbst, mit seiner steilen Frontstufe und dem Zeugenberg, zeigt die typischen Formen einer Schichtstufenlandschaft. Das Sandsteinplateau ist sehr stark reliefiert. Neben den vermutlich tektonisch angelegten, tief eingeschnittenen Tälchen, finden sich zahlreiche Formen, an deren Entstehung chemische Lösung beteiligt war (vgl. SEMMEL 1991:67).

5.1 Die Rumpfflächenlandschaft

Eine kurze geomorphologische Beschreibung der Rumpfflächenlandschaft im Südosten von Burkina Faso geben BOULET & LEPRUN (1969:17ff.; vgl. BOULET 1978). Sie stützen sich dabei auf ein System von Reliefgenerationen, das von MICHEL (1959) für das Senegalbecken entwickelt und später auf weite Bereiche Westafrikas ausgedehnt wurde (vgl. MICHEL 1977; BEAUDET & COQUE 1986; KALOGA 1986; POSS & ROSSI 1987; DA 1989; RUNGE 1990a, 1990b). Danach können in Westafrika mehrere Rumpfflächenniveaus unterschieden werden, die im Mesozoikum und im Tertiär entstanden und deren Verebnungsrelikte oft mächtige, teils bauxitische Lateritkrusten tragen. Dabei ist das Gestein unter den Krusten oft mehrere Dekameter tief saprolithisiert. Auf diese älteren Rumpfflächen - MICHEL (1977:112) übersetzt "surface d'aplanissement" übrigens mit Einebnungsfläche, da er den Begriff Rumpffläche für zu allgemein hält - folgen Fußflächen, die als "glacis" bezeichnet werden. Ihre Entstehung wird ins Quartär gestellt. Sie haben sich teils im Abtragungsschutt der älteren Flächen, teils im zersetzten Anstehenden gebildet. Die beiden älteren Flächen (haute et moyen glacis) tragen Eisenkrusten und können bis zu 5° geneigt sein. Das jüngste Flächenniveau (bas glacis) hat sich auf dem wenig zersetzten Gestein entwickelt und trägt keine Kruste. Rezent ist es auf Kosten der älteren Flächen in Ausdehnung begriffen.

Von den alten Einebnungsflächen sind nach BOULET & LEPRUN (1969:17) nur von der jüngsten (troisième surface d'aplanissement) im östlichen Burkina Faso Reste erhalten. Sie sind, bei einer recht konstanten Höhenlage von 500 - 515 m, auf Hügeln des Birrimien ausgebildet, die allerdings in Burkina Faso nur westlich des 0°-Meridians vorkommen. Reste dieser Kruste sind jedoch in der nächstjüngeren Kruste des "relief intermédiaire" eingearbeitet, von dem Relikte in Form einiger Lerittafelberge erhalten sind. Das Flächenniveau ist nicht gleichmäßig ausgebildet, vielmehr scheint es eine zum Niger hin abfallende Landoberfläche nachzuzeichnen, die überdies durch breite Abflußbahnen gegliedert wird. BEAUDET & COQUE (1986) bezeichnen daher das Verebnungsniveau als "topographie cuirassée fondamentale". Die Kruste ist relativ gleichmäßig mit etwa 10 m Mächtigkeit ausgebildet und läßt sich in mehrere Horizonte untergliedern. Deren härtester ist eine pisolithische Fazies mit rot-violetter Matrix. Unterlagert wird die Kruste von einer mächtigen Kaolinitisierungszone, die über Granit 60 - 80 m mächtig sein kann, über basischen Gesteinen aber nur 15 - 20 m Mächtigkeit erreicht. Reste des Flächenniveaus finden sich etwa bei 13° N / 1° W in Höhen um 440 m ü. M., SE von Sebba in 393 m, S vom Takatami in 368 m und an der Grenze zum Niger unter 320 m (BOULET & LEPRUN 1969:17; BOULET 1978).

In dem Untersuchungsgebiet können die Lerittafelberge bei Kaabougou und bei Kodjari dieser Reliefgeneration zugezählt werden. Sie erreichen Höhen zwischen 320 und 330 m und überragen den Sandstein hier an seinem nördlichen Ende nur um wenige

Meter. Der Laterittafelberg bei Kodjari (324 m) ist auf Kieselschiefer entwickelt. An seinem Fuß sind die morphologisch harten Kalksteinbänke des supratillitischen Sedimentationszyklus herauspräpariert (Abb. 7). Die Hänge sind mit zahlreichen Silcrete-Brocken übersät, die offensichtlich ein Umwandlungsprodukt des Kieselschiefers im Rahmen der lateritischen Verwitterung darstellen. Nur einige hundert Meter von diesem Tafelberg entfernt, krönen in gleicher Höhenlage kleinere Tafelberge den Rücken des Sandsteinzuges. Sie sind jedoch nicht aus Sandstein, sondern ebenfalls aus Kieselschiefer entstanden, worauf bereits BOULET & LEPRUN (1969:38) hingewiesen haben.

Am nordöstlichen Ende des Sandsteinzuges belegen also krustentragende Tafelberge, daß die endtertiäre Landoberfläche über den Sandsteinzug hinweggriff. Keine dieser Lateritkrusten ist jedoch aus dem Sandstein hervorgegangen. Lateritkrusten auf Sandstein, die womöglich noch von saprolithisiertem Sandstein unterlagert werden, wie sie z. B. BARTH (1970:113ff.) aus dem Hochland von Gambaga beschreibt, konnten in Gobnangou nicht angetroffen werden. POSS & ROSSI (1987) und RUNGE (1990) beschreiben Lateritkrusten auf dem Sandstein bei Dapaong im nahen Togo. In Höhenlagen zwischen 300 und 400 m ausgebildet werden sie ebenfalls als Relikte einer pliozänen Landoberfläche gedeutet (RUNGE 1990:99).

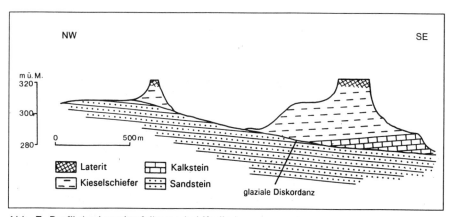

Abb. 7 Profil der Laterittafelberge bei Kodjari

Wenngleich auf dem Gobnangou-Massiv keine Lateritkrusten ausgebildet sind, so gibt es doch Indizien, daß der Sandsteinzug im ausgehenden Tertiär ebenfalls der Einebnung bis zu diesem Niveau unterlag. Vor allem die von der Gesteinsstruktur unabhängige Anlage der Plateaufläche weist darauf hin, denn ihr Niveau entspricht den Höhen der genannten Laterittafelberge. Letzteres kommt in Abb. 8 zum Ausdruck. Darin ist das Längsprofil des Höhenzuges so angelegt, daß es als gerade Linie im Bereich der Wasserscheide, also im Bereich der höchsten Erhebungen verläuft. Die Linie beginnt bei Arli, wo der gleichnamige Fluß in das Beckeninnere gelangt, in etwa 166 m ü. M. und steigt dann allmählich auf über 280 m. Auf der Höhe von Diaboandi wird ihr Verlauf etwas unruhig, da der Sandsteinzug hier durch einige tief eingeschnittene Tälchen und intramontane Becken relativ stark zergliedert ist. Seinen höchsten Punkt erreicht das Längsprofil bei Yereni mit knapp über 360 m. Von dort fällt es langsam wieder ab, der Verlauf ist ruhig und wird nur selten von eingeschnittenen Tälchen unterbrochen. Nördlich von Kodjari liegen dann die höchsten Sandsteinerhebungen in etwa 300 m ü. M. Von der höchsten Erhebung bei Yereni bis nach Kodjari erfolgt also auf einer Strecke von 40 km ein Höhenabfall von nur 60 m (dies entspricht einem Gefälle von nur 0,15 %). Die geringen Höhenunterschiede und die im Norden angegliederten, geringfügig höheren Laterittafelberge legen die Vermutung nahe, daß zumindest in der nördlichen Hälfte des Sandsteinzuges die heutige Sandsteinoberfläche die subkutane Verwitterungsgrenze einer alten Rumpffläche nachzeichnet (der relativ steile Abfall zum Arli hin dürfte wiederum den präkambrisch geschaffenen Glazialformen folgen, in denen Schiefern und Kieselschiefern anstehen). Auch die übrigen geomorphologischen Befunde fügen sich in das Bild einer ehemaligen, von der Struktur des Sandsteins weitgehend unabhängigen Verebnung. Beispielsweise liegt die höchste Erhebung entgegen dem Schichtfallen näher am Südrand, denn am Nordrand (vgl. Abb. 18). Auch die Höhenpunkte in Abb. 14 und die Höhe des Zeugenberges Mt. Pagou (351 m) lassen sich leicht mit einer verebneten Landoberfläche in Verbindung bringen, die sanft nach Osten zum Niger hin abfällt, wie es schon BOULET & LEPRUN (1969:17) für das "relief intermédiaire" dargestellt haben.

Offen bleibt die Frage, warum sich keine Lateritkrusten auf dem Sandstein erhalten haben, so wie es BARTH (1970), POSS & ROSSI (1987) und RUNGE (1990) aus vergleichbaren Sandsteingebieten im Norden Togos und Ghanas und MENSCHING (1970) aus dem Südwesten von Burkina Faso beschreiben. Man kann annehmen, daß der Gehalt an metallischen Beimengungen in dem Sandstein nicht ausreichte, um einen kräftigen Lateritpanzer zu bilden, der eine unterlagernde Zersatzzone langfristig vor Abtragung schützte. Es ist aber auch denkbar, daß die Anlage des präpliozänen Reliefs der Ausbildung mächtiger Lateritkrusten im Bereich des Sandsteinzuges entgegenstand. Letzteres käme unter der Voraussetzung zum Tragen, daß die Anreicherung von Eisenoxiden vorwiegend im Grundwasserschwankungsbereich stattfände.

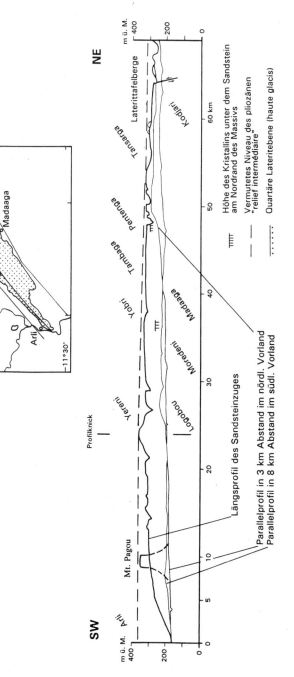

Abb. 8 Längsprofile des Höhenzuges von Gobnangou und seiner beiden Vorländer

Von den quartären Verebnungen tragen "glacis supérieur" und "glacis moyen" Lateritkrusten, in denen auch Schutt der Kruste des "relief intermédiaire" verbacken ist, wobei das "glacis supérieur" (oder auch "haute glacis") gröbere Komponenten enthalten kann, als das "glacis moyen" (BOULET & LEPRUN 1969:18). Obwohl diese beiden Verebnungsniveaus im Südosten von Burkina Faso sehr große Flächenanteile einnehmen, ist die Unterscheidung der beiden Reliefgenerationen sehr schwierig. Oftmals schließt sich das "glacis moyen" an das "haute glacis" an, ohne daß eine nennenswerte Stufe ausgebildet ist. Da beide "glacis" häufig über weite Strecken eine - wenn auch geringe - Neigung aufweisen, ist es auch nicht möglich, ihnen bestimmte feststehende Höhenniveaus zuzuordnen (vgl. BOULET 1979; BEAUDET & COQUE 1986; RUNGE 1990: 100). In dem untersuchten Raum ist es vor allem die Region rund um Diapaga, in der die Lateritkrusten des "haute glacis" und "moyen glacis" den oberflächennahen Untergrund bilden. Im Süden reichen sie bis an den Sandsteinzug heran und greifen gelegentlich sogar buchtartig in ihn hinein, so z. B. nahe den Ortschaften Pentenga und Tansarga. Im Osten werden sie von einer Abtragungsstufe begrenzt, die von BOULET & LEPRUN (1969:19) "cuesta" genannt wird (Abb. 9).

Dieser Lateritstufe, die zugleich die Hauptwasserscheide zwischen den Zuflüssen des Volta-Beckens und denen des Niger markiert, kommt eine besondere Bedeutung zu, da sie zwei Gebiete mit unterschiedlicher Morphodynamik und unterschiedlichem Naturraumpotential voneinander trennt. In dem zum Niger-Einzugsgebiet gehörenden Bereich ist die Reliefenergie geringer. Der Tapoa hat in seinem Längsprofil ein durchschnittliches Gefälle von 1 : 1000. Nördlich von Diapaga ist sein Bett auf der Lateritkruste angelegt, ohne diese zu zerschneiden. Die Böden in diesem Gebiet haben sich überwiegend in dem mehr oder weniger geringmächtigen Decklehm über der Lateritkruste entwickelt. Ganz anders sind die Verhältnisse im Einzugsgebiet der Voltazuflüsse südwestlich der Lateritstufe. Das mittlere Gefälle der Pendjarizuflüsse liegt bei 2 : 1000, wobei es große Unregelmäßigkeiten aufweist. Während das Gefälle stellenweise sehr gering ist, so daß es zur Sedimentation kommt (Mares de Oamou, Nabindo u. a.), nimmt es zur Lateritstufe hin stark zu. Die Landoberfläche in diesem Gebiet rechnen BOULET & LEPRUN (1969:19) zum "glacis inférieur", auf dem keine Lateritkruste ausgebildet ist. Hier haben sich daher in Abhängigkeit vom unterlagernden Gestein recht unterschiedliche Böden entwickelt. Im Vorfeld der "cuesta" sind es tiefgründige, nährstoffreiche Böden (vgl. Abb. 20), die möglicherweise mit ein Grund sind für die dichte Besiedlung entlang dieser Linie. Es ist aber auch das Gebiet, in dem auf der topographischen Karte (Bl. Arli) die größten Flächen entlang der Flüsse als Überschwemmungsgebiete ausgewiesen sind (vgl. Abb. 2).

Diese Darstellung in Anlehnung an BOULET & LEPRUN (1969:17ff.) liefert eine übersichtliche Unterteilung des Naturraums von Gobnangou, die jedoch nicht in allen Details bestätigt werden kann. Beispielsweise wurden im Bereich des "glacis inférieur" immer wieder Lateritkrusten angetroffen, die sich in einer Höhenlage von knapp über 200 m entwickelt haben. So z. B. bei Tanbarga, im nördlichen Vorland des Massivs von Madjoari und im Nationalpark Arli, wo sie unweit des Pendjari ebenfalls kleine Stufen von wenigen Metern Höhe bilden. Auch wurde bei Bohrungen in der Pendjari-Ebene wiederholt die Lateritkruste im nahen Untergrund erreicht.

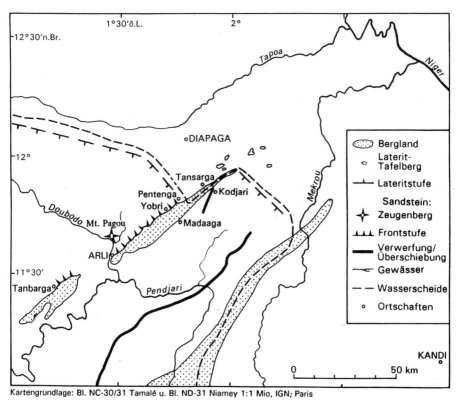

Kartengrundlage: Bl. NC-30/31 Tamalé u. Bl. ND-31 Niamey 1:1 Mio, IGN; Paris
Abb. 9 Geomorphologische Übersichtsskizze

Danach stellt sich das "glacis inférieur" als Abtragungsfläche mit recht unterschiedlicher Dynamik dar. Im Norden und Osten der Fläche sorgt die rückschreitende Erosion entlang der Abtragungsstufe für seine Ausbreitung auf Kosten der älteren Fußflächen. Unter dem ausgeräumten Material tritt relativ frisches Gestein zutage, auf dem sich die unterschiedlichen Böden entwickeln. Die Landschaft ist hier relativ stark reliefiert.

Wiederholt zeigen isolierte Laterittafeln die Ausdehnung der älteren Flächen an. Dazwischen gräbt sich eine Vielzahl von Abflußbahnen in das zersetzte Gestein. Ganz anders ist das Bild in der Pendjari-Ebene. Weite Gebiete sind durch eine extreme Ebenheit gekennzeichnet und im nahen Untergrund ist wiederholt eine Lateritkruste anzutreffen. In der Nähe des Pendjari werden die Lateritkrusten morphologisch wirksam und bilden lokal kleine Stufen aus (s. a. Abb. 2 und 19). Dies zeigt, daß die Abtragung hier schon wieder eingesetzt hat und die Ausdehnung des "bas glacis" reduziert. Danach ist die jüngste Fußflächengeneration in diesem Gebiet eine Fläche, die sich an ihrem nordöstlichen Rand ausdehnt, im Südwesten jedoch schon wieder der Abtragung unterliegt. Vermutlich entsprechen die Lateritkrusten, die sich hier in etwa 200 m ü. M. erhalten haben, den Krusten, die RUNGE (1990b:85) in Togo entlang des Oti (der Fortsetzung des Pendjari) in etwa 120 m kartiert hat.

Zu der Lateritstufe bleibt anzumerken, daß ihr Verlauf möglicherweise einen Hinweis auf tektonischen Einfluß liefert. Verfolgt man ihn über die drei Kartenblätter Diapaga, Arli und Kandi, so stellt man folgendes fest (Abb. 9): Auf Bl. Diapaga verläuft die Lateritstufe am Südrand des Blattes von W/WNW nach E/ESE. Mit dem Eintritt auf Bl. Arli biegt sie nach Süden ab, um in südöstlicher Richtung bei Pentenga auf den Sandsteinzug zu treffen. Ihre Fortsetzung nimmt sie jedoch - um ca. 30 km nach NE versetzt - südlich von Kaabougou. Hier, bereits auf Bl. Kandi, setzt sie sich wiederum in südöstlicher Richtung fort. Sie beginnt südlich der Falaise von Gobnangou genau dort, wo die vermutete Verwerfung endet (s. Abschnitt 4.2). Entsprechend ist auch die Hauptwasserscheide zwischen Niger- und Volta-Zuflüssen versetzt, die ja unmittelbar parallel zu der Lateritstufe verläuft. Um den gleichen Betrag erscheint der Pendjari nach Norden verschleppt, denn nach dem Verlassen des Atakora-Gebirges fließt er zunächst nach NE auf die Lateritstufe zu. Nach etwa 30 km biegt er jedoch um und strebt in entgegengesetzter Richtung dem Volta-Stausee zu.

5.2 Die Oberflächenformen des Sandsteinmassivs

Auf den ersten Blick präsentiert sich der Sandsteinzug von Gobnangou als Schichtstufenlandschaft: Mit einer hohen Frontstufe erhebt er sich über das nördliche Vorland, wo ihm ein Zeugenberg vorgelagert ist. Und am Südrand des Massivs sind lokal kleinere Achterstufen ausgebildet. Bei genauerer Betrachtung muß dieses Bild jedoch differenziert werden. So wurde im vorangegangenen Abschnitt gezeigt, daß die Plateaufläche des Sandsteinzuges wohl eher die subkutane Verwitterungsgrenze des endtertiären Verebnungsniveaus darstellt und keineswegs eine strukturbedingte Schichtfläche ist (ganz abgesehen davon, daß der Sandstein schon im Präkambrium eine glaziale Überformung erfahren hat, wie bereits dargelegt wurde). Zur Frontstufe bleibt anzumerken, daß sie ihre Stufenhöhe vor allem der Abtragung des unterlagernden Kristallins zu verdanken hat, was BEAUDET & COQUE (1986:219) veranlaßt, sie als "pseudo-cuesta" zu bezeichnen. Als Beleg führen sie an, daß dort, wo die quartären Lateritflächen bis an den Sandstein heranreichen (zwischen Pentenga und Kaabougou), keine Stufe mehr ausgebildet ist.

Über die genannten Formen hinaus zeigt das Sandsteinmassiv eine außergewöhnlich starke Reliefierung. Zahlreiche tief eingeschnittene, canyonartige Tälchen und intramontane Becken gliedern den Sandsteinblock. Auf dem nackten Fels sind oftmals Karren und Lösungsnäpfe ausgebildet. Im mesoskaligen Bereich sind es Pilz- und Turmfelsen sowie Felsüberhänge und Höhlen, die der Landschaft ein interessantes, bisweilen bizarres Erscheinungsbild verleihen. Einen weiteren Reiz erhält das Gebiet durch die verschiedenen Wasserfälle, die vor allem während der Regenzeit teils über 20, 30 und mehr Meter die senkrechten Felswände hinabstürzen. Die meisten der auftretenden Oberflächenformen sind aus dem Karstformenschatz bekannt.

5.2.1 Kleinformen der Korrosion

Häufig auftretende Lösungsformen sind in der Chaîne de Gobnangou Karren, Schichtfugenhöhlen, echte Höhlen und sog. Opferkessel. Von den Karren ist vor allem der Typ gerundeter Rillenkarren oft anzutreffen (Abb. 11). Rinnenkarren wurden schon früh als Lösunsformen auf nichtkarbonatischen Gesteinen beschrieben (WILHELMY 1958; vgl. PFEFFER 1978:29). Die auffälligsten Kleinformen der Korrosion in Gobnangou sind Schichtfugenhöhlen. Es gibt praktisch keine Felswand, die nicht durch Lösung aufgeweitete Schichtgrenzen aufweist (Abb. 10).

Größere, versteckt gelegene Schichtfugenhöhlen enthalten oft Reste einstiger Lehmbauten, Sichtschutzwände oder Vorratsspeicher, die anzeigen, zu welchen Zwecken die Höhlen einmal genutzt wurden. Andere Höhlen sind nicht so eindeutig aus Schichtfugenhöhlen hervorgegangen. Hier haben die Lösungsvorgänge weitgehend unabhängig von der Gesteinslagerung die großen Hohlräume geschaffen (Abb. 12).

Seltenere Formen sind Opferkessel, wie sie auch FRÄNZLE (1971) im quarzitischen Sandstein von Fontainebleau und GREINERT & HERDT (1987a) aus Sandsteinformationen in Brasilien beschreiben. Die z. T. kreisrunden Formen an der Oberfläche des Sandsteines in Gobnangou haben Durchmesser zwischen etwa 10 cm und maximal 1 Meter. Während kleinere Formen nur wenige Zentimeter tief sind, erreichte die größte

Abb. 10 Schichtfugenhöhlen im Sandstein

Abb. 11 Rinnenkarren im Sandstein

Abb. 12 Höhle im Sandstein

Abb. 13 Opferkessel im Sandstein

Form bei einem Durchmesser von etwa 80 cm eine Tiefe von ca. 1,30 m. Sie war noch im Februar, in der fortgeschrittenen Trockenzeit, etwa 70 cm hoch mit Wasser erfüllt. Bei einem anderen Kessel (kreisrund, Durchmesser 30 cm, Tiefe 30 cm; Abb. 13) war der Boden von einer schwarzen, feuchten Humusschicht bedeckt.

Es zeigt sich also, daß im Sandstein von Gobnangou ein breites Spektrum von Hohlformen anzutreffen ist, deren Morphologie auf eine Genese hinweist, bei der Lösungsvorgänge maßgeblich beteiligt sind.

5.2.2 Große Formenelemente im Sandsteinmassiv

Zu den markantesten Großformen innerhalb des Sandsteinzuges gehören die tief eingeschnittenen, canyonartigen Tälchen, die vor allem entlang von tektonischen Störungszonen entstanden sind. Die Tälchen können mehrere Dekameter tief eingeschnitten und über einen Kilometer lang sein. Im Idealfall werden sie von senkrecht abfallenden Felswänden begrenzt. Auf Abb. 14 erkennt man sie an den einander zugewandten Stufensignaturen, wie z. B. bei der nahezu N-S-verlaufenden Form in der Abbildung links oben, unterhalb der Maßstabsleiste. Die Talböden sind meist mit mächtigen Sandsteinblöcken bedeckt, zwischen denen sich eine dichte Vegetation aus Büschen und Bäumen angesiedelt hat. Im Längsprofil steigen die Talböden nur langsam zum Inneren des Massivs an und enden abrupt an senkrecht aufsteigenden Felswänden. An diesem Ende der Tälchen - meist unterschneidet eine Höhlung noch die Felswand - sind dann oft Tümpel anzutreffen, die bis weit in die Trockenzeit (März) wassergefüllt sind. Ein oberirdischer Wasserzufluß ist dann nicht zu erkennen. Vielmehr scheinen die Tümpel aus Klüften in der Verlängerung des Tälchens mit Wasser gespeist zu werden. SEMMEL (1986c:440) beschreibt aus Süd-Brasilien Klüfte im Sandstein, die durch "Sandsteinverkarstung manchmal ähnlich wie im Karbonat-Karst zu regelrechten Gassen erweitert" sind. Nach PFEFFER (1978:30) sind Karstgassen "steilwandige Hohlformen, die sich bei annähernd gleicher Breite und Tiefe (bis mehrere 100 m) über eine Strecke von Hunderten von Metern bis zu einigen Kilometern über die Karstoberfläche hinziehen". Diese Darstellung der Morphologie von Karstgassen trifft auf die oben beschriebenen Formen zu.

Auf Luftbildern sind die sedimenterfüllten intramontanen Ebenen leicht zu identifizieren, da sie landwirtschaftlicher Nutzung unterliegen und die sandigen Böden der geernteten Felder sich als helle Flächen von dem dunkelgrauen Sandstein abheben. Abb. 14 zeigt, in welchem Maße sich die sedimenterfüllten Bereiche (Feldsignatur) an der Anlage des Kluftnetzes orientieren.

51

Kartengrundlage: Luftbilder ca. 1:50 000 86077-B (April 1986), Nr. 1171-1173, IGB; Ouagadougou

Abb. 14 Geomorphologische Skizze des Sandsteinmassivs

Die große intramontane Ebene in der Bildmitte soll etwas genauer betrachtet werden. Sie liegt etwa in 280 - 290 m Höhe und wird von einem Bach zum südlichen Vorland hin entwässert. Abgesehen von dem Bach, der nach dem Verlassen der Ebene durch ein enges Tälchen fließt, wird die Ebene allseitig von mehr oder weniger steil ansteigendem Sandstein begrenzt. Inmitten der Ebene stehen zwei Tafelberge, die die Ebene um etwa 40 m überragen (nach der topographischen Karte beträgt die Höhe des westlicheren der beiden Berge 336 m). Der Boden der Ebene ist von mächtigen Sanden bedeckt, in denen meist Acrisols entwickelt sind (s. Abschnitt 7.1). Auffällig ist die Wasserverfügbarkeit in der intramontanen Ebene, die ja 50 - 70 m über dem Niveau der Vorländer des Sandsteinzuges liegt. Im Gegensatz zu den Vorländern, wo die weitaus meisten Gerinne schon im Januar kein Wasser mehr führen, bleibt im Verlauf des Baches, der von einer kräftig grünen Baumgalerie begleitet wird, das Wasser auch in den trockensten Monaten in Pfützen und Tümpeln erhalten. So erstaunt es auch nicht, daß entlang des Baches Gärten angelegt sind, in denen ganzjährig Obst und Gemüse angebaut werden. Neben Tomaten, Zwiebeln und süßem Maniok sind hier Borassus-Palmen und Bananen anzutreffen (s. Kap. 6).

Der Übergang von der Pendjari-Ebene zum Sandsteinmassiv zeigt über weite Strecken Merkmale, wie sie von PFEFFER (1978:31) als typisch für Karstrandebenen beschrieben werden: "**Karstrandebenen** sind meist mit Alluvionen bedeckte, oberflächlich entwässernde, mitunter jahreszeitlich inundierte, oft mehr als 10 qkm umfassende Ebenheiten, die am Rande von Karstgebieten im Bereich nicht verkarstungsfähiger Gesteine oder im Meeres- oder Vorfluterniveau ansetzen, buchtartig in das Karstgebiet eingreifen und gegenüber dem höheren Relief meist einen sehr scharfen, deutlichen Übergang aufweisen".

Dies trifft auch für das Gebiet zwischen Moredeni und Bobouamondi zu. Hier greift die Ebene des Vorlandes wiederholt buchtartig in das Massiv hinein. Die angrenzenden Felswände steigen nahezu senkrecht auf und bilden so einen fast rechtwinkligen Übergang zur Ebene. Ein Schutthaldenhang ist, ganz im Gegensatz zur Stufe zum nördlichen Vorland, nicht ausgebildet. Nur selten liegen herabgefallene Sandsteinblöcke vor der Stufe. Ein häufiges Phänomen sind Höhlen in den Sandsteinwänden, die vor allem an der Basis im Übergangsbereich zur Ebene ausgebildet sind. Es gibt jedoch auch Höhlen, die auf halber Höhe der Sandsteinwand liegen. In diesem Abschnitt des Vorlandes treten zudem vereinzelt Sandsteinfelsen auf, die turmartig aus der Ebene emporragen. Voraussetzung für die Ausbildung von Karstrandebenen ist die Unterlagerung des verkarstungsfähigen Gesteines durch einen wasserstauenden Untergrund. Das gestaute Wasser führt am Rand der Ebene zu weiterer Korrosion, bis hin zur Entstehung von Fußhöhlen. In dem beschriebenen Gebiet im südlichen Vorland ist es das Kristallin des Sockels, das in diesem Bereich oberflächennah ansteht.

5.2.3 Der Sandstein im Dünnschliff

Der Dünnschliff von Abb. 15 wurde von einer Gesteinsprobe angefertigt, die von der Wand eines großen Abris am Fuß der Sandsteinstufe (Südrand des Massivs) nahe Moredeni entnommen wurde. Die unverwitterte Gesteinsprobe zeigt eine dichte Lagerung der einzelnen Körner. Sie erscheinen an vielen Stellen regelrecht ineinandergewachsen. Auswölbungen des einen Kornes füllen Einbuchtungen eines benachbarten Sandkornes oder den Zwickel zwischen zwei angrenzenden Körnern. Eine Matrix im Sinne einer Grundmasse, in der die Körner eingebettet sind, ist nicht zu erkennen. Vielmehr scheint der Sandstein seine Festigkeit durch die innige Verzahnung der einzelnen Körner miteinander, möglicherweise infolge Drucklösung, erhalten zu haben. Da es sich nahezu ausschließlich um Quarzkörner handelt und der Matrixgehalt des Gesteins deutlich unter 15 % liegt, kann er nach der Klassifikation von FOLK (1974, zitiert bei ADAMS et al. 1986:24) als Quarzarenit bezeichnet werden (vgl. PETTIJOHN et al. 1972). Hinsichtlich der angenommenen Lösungsvorgänge bedeutet der geringe Matrixanteil, daß entlang der Korngrenzen nur relativ geringe Mengen SiO_2 gelöst werden müssen, um eine Lockerung des Gesteinsverbandes zu bewirken (vgl. JENNINGS 1983).

Der Dünnschliff von Abb. 16 zeigt eine Gesteinsprobe, die, ebenfalls nahe Moredeni am Südrand des Massivs, diesmal jedoch von der Oberfläche des Sandsteinmassivs genommen wurde. Der Schliff zeigt eine starke Imprägnierung der äußeren Gesteinsschicht mit Eisenoxiden. Die einzelnen Körner sind vollständig in die dunkle Matrix eingebettet. Eine innige Verzahnung der Körner wie auf Abb. 15 ist nicht mehr vorhanden, auch wenn die Randlinien gegenüberliegender Körner oft noch erkennen lassen, wie die Körner einmal zusammengelegen haben. Darüber hinaus ist deutlich zu erkennen, daß die eisenoxidummantelten Körner starke Korrosionserscheinungen aufweisen. Die Oberflächen der Quarzkörner sind durch eine Vielzahl von Lösungsbuchten gegliedert, bei einzelnen Körnern erscheinen ganze Ecken abgesprengt (vgl. SCHNÜTGEN & SPÄTH 1983). Nach dem Schema der Quarzverwitterung von BURGER & LANDMANN (1988:172) ist der Verwitterungsgrad der Körner durchweg den Stufen 3 - 5 zuzuordnen. Somit zeigt der Dünnschliff einen durch Lösungsvorgänge stark angegriffenen Kornverband, der von einer Eisenoxidmatrix zusammengehalten wird.

Offen bleibt jedoch der Einfluß der Eisenoxide auf die Lösungsvorgänge. FRÄNZLE

Abb. 15 Dünnschliff einer unverwitterten Sandsteinprobe bei gekreuzten Nicols und Rot 1-Filter
(die Kantenlänge der Unterkante entspricht 0,35 mm)

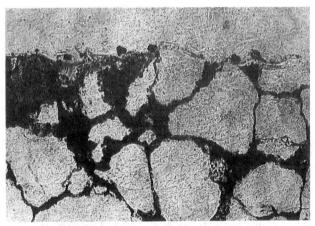

Abb. 16 Dünnschliff eines Sandsteinstückes, an dessen Oberfläche Eisenoxide eine Matrix bilden, in die korrodierte Quarzkörner eingebettet sind
(die Kantenlänge der Unterkante entspricht 0,8 mm)

(1972:212) skizziert die Entstehung der Opferkessel im quarzitischen Sandstein mit Hilfe von Eisenverbindungen, die aus der Laubstreu freigesetzt werden. Diese begünstigen die Ansiedlung von Flechten, deren Thalli bei Austrocknung schrumpfen und damit Scherspannungen auf die Gesteinsoberfläche ausüben, die zum Gefügezerfall führen (auch in Gobnangou ist die Sandsteinoberfläche oft mit Flechten überzogen, die sich besonders an Wasserabflußbahnen konzentrieren). Aber auch dem Quellungsdruck reversibel hydratisierter Eisenverbindungen schreibt FRÄNZLE (1972) eine kornzerlegende Wirkung zu. Lösungsrinnen an vergleichbaren Sandsteinen im nahen Benin beschreibt MARESCAUX (1973). Diese haben sich jedoch unabhängig von der schon vorher vorhandenen Eisenoxidschicht entwickelt, da sie die Zone der Oxidanreicherung durchschneiden.

Wichtigster Punkt bei den Lösungsvorgängen und den damit einhergehenden Oberflächenformen scheint mir jedoch zu sein, daß an den Grenzflächen der einzelnen Körner aufgrund der besonderen Petrographie des Sandsteins nur sehr geringe Mengen Quarz in Lösung gehen müssen (im Gegensatz zur Kalksteinlösung), um die Körner voneinander zu trennen und so eine Auflösung des Gesteinsverbandes zu ermöglichen. Natürlich entstehen so enorme Mengen Sand als Residuum der Korrosion. Dieser erlaubt aber eine weitere Perkolation des Wassers und führt nicht zum Abdichten des Untergrundes, wie es von den Lösungsrückständen der Kalksteinverwitterung bekannt ist. JENNINGS (1983:29) vertritt die Ansicht, daß die sandigen Rückstände wegen der geringen Kohäsionskräfte leichter abzutragen sind, als die fein-texturierten Rückstände anderer Gesteine.

5.2.4 Zur Verkarstung von Sandstein

Wie groß die Ähnlichkeit von Sandsteinkarst mit Kalksteinkarst sein kann, beschreibt JENNINGS (1983) in höchst anschaulicher Weise. Er gelangt zu dem Schluß, "that silica solution at normal temperature and pH is the critical process, freeing silica grains which form a load without cohesion less likely to block developing tubes than finer and mixed sediments. This makes karst the appropriate designation rather than pseudokarst" JENNINGS (1983:21).

Natürlich geht es an dieser Stelle nicht darum, die (Quarzit)-Sandsteine grundsätzlich in die Reihe verkarstungsfähiger Gesteine mit aufzunehmen. Vielmehr geht es darum, die Vielfalt der Oberflächenformen in dem Massiv von Gobnangou durch die "geomorphologische Brille" zu betrachten und zu beurteilen. Und hier zeigt sich, daß der vorgefundene Formenschatz eine viel größere Ähnlichkeit mit den Oberflächenformen lösungsfähiger Gesteine hat, als beispielsweise mit Formen, die im Zuge klimagesteuerter tropischer Verwitterung entstehen (Rumpfflächenlandschaft), oder als Formen, die - strukturbedingt - bei der Verwitterung unterschiedlich resistenter Gesteine entstanden (Schichtstufenlandschaft).

Zur Vermeidung von Verwechslungen, und um den Karstbegriff nicht unnötig zu verwässern, sollten Lösungsformen außerhalb der Karbonatgesteine mit erklärenden Zusätzen versehen werden (vgl. PFEFFER 1978:30). In diesem Sinne sollen die vorgestellten Formen als Formen des Silikatkarstes bezeichnet werden (vgl. BUSCHE & ERBE 1987; SPONHOLZ 1989b), da die Lösung von Kieselsäure der entscheidende Prozeß ist. Noch treffender ist m. E. die Bezeichnung Sandsteinkarst (SEMMEL (1986c:440) verwendet den Begriff Sandsteinverkarstung), die - unter dem Oberbegriff Silikatkarst subsumiert - die Gebundenheit der Formen an strukturelle Vorgaben (Schichtfugen) mit ausdrückt. Weiterhin verweist der Begriff Sandsteinkarst schon auf die großen Mengen Sand, die bei den Lösungsvorgängen freigesetzt werden und sicherlich ganz andere Eigenschaften und Auswirkungen haben, als die tonigen Residuen der Kalksteinverwitterung. Der Begriff Sandsteinkarst hat einen weiteren Vorteil: in "sandstone karst" und "karst grèseux" findet er im Englischen und Französischen eindeutige Entsprechungen (u. a. JENNINGS 1983; MAINGUET & CALLOT 1975; DEMANGEOT 1985).

Neben der Frage nach dem Stellenwert der beschriebenen Oberflächenformen in der Geomorphologie gibt die Zuordnung der Formen zum Karstformenkreis möglicherweise auch Hinweise zur Klärung einiger anderer Phänomene. So könnte die gute Wasserversorgung in der Region - die ja die hohe Besiedlungsdichte trägt - zumindest teilweise durch ein verkarstungsbedingtes Speichervermögen des Sandsteins erklärt werden (s. Kap. 6).

5.3 Zusammenfassung der geomorphologischen Gegebenheiten

Der Sandsteinzug von Gobnangou ist in eine typische Rumpfflächenlandschaft eingebettet, die von weiten Ebenheiten in verschiedenen Höhenniveaus gekennzeichnet ist. Im nördlichen Vorland sind es die altquartären Lateritflächen von "glacis supérieur" und "glacis moyen" (BOULET & LEPRUN 1969), die zwischen Pentenga und Kaabougou bis an den Sandsteinzug heranreichen. Ausgebildet in einer Höhenlage zwischen etwa 280 und 310 m werden sie nur um wenige Meter von dem Sandsteinzug überragt. Bei Kaabougou und Kodjari befinden sich einige Lateritafelberge, die - in einer Höhe zwischen 320 und 330 m - Relikte eines älteren Flächenniveaus sind. Sie werden dem "relief intermédiaire" (MICHEL 1977) bzw. der "topographie cuirassée fondamentale" (BEAUDET & COQUE 1986) zugerechnet, deren Entstehung ins ausgehende Tertiär datiert wird. Dieser Reliefgeneration läßt sich auch der Sandsteinzug zuordnen. Obwohl keine Lateritflächen auf dem Sandstein ausgebildet sind, ist doch zu erkennen, daß die Plateaufläche Produkt einer - über die Schichtstrukturen hinweggreifenden - Einebnung ist.

Bei der weiteren Formgebung des Sandsteinmassivs waren vor allem Lösungsvorgänge beteiligt. An der Gesteinsoberfläche finden sich Karren und Opferkessel als Kleinformen der Korrosion. Die senkrechten Felswände sind oftmals durch eine Vielzahl von Schichtfugenhöhlen gegliedert. In das Plateau des Massivs sind eine Vielzahl von canyonartigen Tälchen (Karstgassen) sowie einige intramontane Ebenen eingetieft. Der Übergang ins südliche Vorland zeigt stellenweise alle Merkmale einer Karstrandebene: fast senkrecht steigen die Sandsteinwände aus der Ebene auf, ohne an ihrem Fuß Schuttrampen auszubilden. Stattdessen finden sich gerade am Fuß der Steilwände, aber auch auf halber Höhe der Wände Höhlen (Fuß- und Halbhöhlen). In unmittelbarer Nähe zum Sandsteinmassiv ragen hier vereinzelt turmartige Felsen aus der Ebene auf. Die Summe der aus dem Karst bekannten Oberflächenformen in dem Sandsteingebiet veranlaßt, zu ihrer Kennzeichnung den Begriff Sandsteinkarst zu verwenden.

Die jüngste Reliefgeneration in dem Untersuchungsgebiet stellt das "bas glacis" bzw. das "glacis inférieur" dar. Ihr sind das gesamte südliche Vorland des Sandsteinzuges bis zum Pendjari hin zuzuzählen sowie im nördlichen Vorland der Einzugsbereich seiner Nebenflüsse bis zu der Lateritstufe, entlang derer die älteren Flächen der Abtragung unterliegen. Im Vorfeld der Lateritstufe ist das "bas glacis" meist in etwa 240 m ü. M. ausgebildet und fällt dann langsam zum Pendjari hin auf etwa 200 m ab. Während im stufennahen Bereich wenig verwittertes Festgestein den oberflächennahen Untergrund bildet, steht in entfernteren Gebieten eine Lateritkruste im Untergrund an. Sie wird jedoch erst in der Nähe des Pendjari morphologisch wirksam, wo sie lokal kleine Stufen bildet (vgl. RUNGE 1990b). Das Bett des Pendjari ist ihnen gegenüber deutlich eingetieft, auf der Höhe des Sandsteinzuges liegt es in etwa 160 - 170 m ü. M. Hier hat sich der Fluß in die weichen Schiefer eingeschnitten, auf denen er eine eher geringmächtige Decke von Hochflutsedimenten abgelagert hat.

6 Wasserhaushalt

Für die Anlage eines Siedlungsplatzes der Gulmancé sind eine ganzjährige Wasserversorgung und bebaubare Böden unabdingbare Voraussetzungen. Problematisch wird dabei meist die Wasserversorgung während der Trockenzeit. Die Jahresniederschlagsmenge, die nahezu ausschließlich während der fünf-monatigen Regenzeit fällt, ist hier ein Input-Faktor von untergeordneter Bedeutung. Viel wichtiger sind das Speichervermögen des jeweiligen Gesteines und die Infiltrationsrate der Bodenbedeckung. Gerade der letztgenannte Faktor ist eine wichtige Steuergröße für die Grundwasserneubildungsrate, denn die Niederschläge sind nicht nur in einer Regenzeit kontrahiert, sondern verteilen sich auch innerhalb der Regenzeit auf relativ wenige Starkregenereignisse. Wasser, das dann nicht in den Boden eindringen kann, geht als oberflächlicher run-off verloren bzw. führt zu dem kurzzeitigen, enormen Anschwellen der episodischen Gerinne. "So erscheinen weite Bereiche Zentral- und Westafrikas als Wassermangelgebiete, obwohl dort Jahressummen von 1000 mm und mehr zu verzeichnen sind. Die Niederschläge fallen jedoch lediglich innerhalb von 3 - 5 Monaten, vorwiegend als Platzregen und Gewitter. Der meist wenig durchlässige Boden kann in dieser kurzen Zeit kaum Wasser aufnehmen; dieses fließt oberflächlich über die Flüsse ab. Der geringe Bodenwasseranteil wird zudem durch die zu dieser Zeit dichte Vegetation aufgebraucht. Die hohen Verdunstungsraten (bis zu 2000 bis 3000 mm/Jahr) und kapillares Aufsteigen führen zu einem raschen Aufbrauchen des Wassers" (KRAUTHAUSEN 1985:27).

So wurde auch für die äußerst gering besiedelten Gebiete in der Provinz Gourma spekuliert, ob dies nicht mit der geringen Wasserverfügbarkeit während der Trockenzeit zu erklären sei (s. Abschnitt 1.2). Entlang der größeren Flüsse hingegen sind weite Gebiete von saisonalen Überschwemmungen betroffen, was einer intensiven Nutzung ebenfalls entgegensteht. In diesem Kapitel sollen einige Aspekte des Wasserhaushaltes in dem Sandsteingebiet dargestellt werden, die die Siedlungsmöglichkeiten in der Region begünstigen, bisher aber noch nicht erwähnt wurden.

Auf der "Carte de planification des ressources en eau souterraine" (M 1:1,5 Mio., C.I.E.H. 1976) wird die Region Gobnangou der Zone 12 zugeschlagen, die den kristallinen Sockel abdeckt und die geringsten verfügbaren Wasserreserven aufweist: <0,05 Mio. m^3/km^2. In den Erläuterungen wird dies noch nach den unterschiedlichen Gesteinsarten differenziert, wobei besonderes Gewicht auf die - gesteinsabhängige - Verwitterungsdecke gelegt wird (C.I.E.H. 1976:36). Danach wird das Speichervolumen der Massengesteine als abhängig vom Kluftnetz und grundsätzlich gering eingeschätzt. Unterschiede ergeben sich bei der Verwitterungsdecke: während die Granite tonig-sandig verwittern und so eine gewisse Grundwasserneubildungsrate erlauben, verwittern Schiefer und Grünfels zu undurchlässigen Tonen (eine weitere Differenzierung der Verwitterungsdecke, beispielsweise in Saprolith, Laterit und Decksediment, erfolgt allerdings nicht). Der durchschnittliche Wert einer theoretischen jährlichen Grundwasserneubildungsrate wird mit 17 mm angegeben.

Im Text nicht erwähnt, aber auf der Karte ausgewiesen, wird der Sandsteinzug, dem eine Grundwasserneubildungsrate von 50 - 100 mm (= 50 - 100 Tausend m³/km²/a) zugesprochen wird. Damit liegt er in der gleichen Klasse wie das Sandsteingebiet bei Bobo-Dioulasso am Westrand von Burkina Faso. Letzteres ist wegen seiner größeren Ausdehnung auch in den Erläuterungen als eigene Einheit aufgeführt. Der "grès primaire à infracambrien" der Zone 11 hat eine theoretische Grundwasserneubildungsrate von 61 mm pro Jahr. Besonders erwähnt wird die Quelle Kou, die mit einer Schüttung von 2500 m³/Tag bzw. von etwa 30 l/s die Wasserversorgung der Stadt Bobo-Dioulasso gewährleistet. Über die gesteinsbedingten Voraussetzungen sei jedoch wenig bekannt. "Mais ils sont encore mal reconnus et de cet fait il n'est pas possible d'en évaluer, même grossièrement, les reserves exploitables" (C.I.E.H. 1976: 37).

Abb. 19 zeigt einen Ausschnitt der SPOT-Szene 61-327, der einige Aspekte des Wasserhaushaltes in dem Sandsteinmassiv zu entnehmen sind. Die Aufnahme entstand am 23.2.1987 um 10 Uhr 28, also in der weit fortgeschrittenen Trockenzeit, nach einer Regenperiode mit ausgesprochen durchschnittlichen Niederschlägen (s. Tab. 2). Die weißen, z. T. zartrosa getönten Flächen stellen die geernteten Felder dar, die flächendeckend in den Vorländern und nur vereinzelt innerhalb des Sandsteinmassivs vorhanden sind. Die tiefschwarzen Bereiche repräsentieren Flächen, die kurz zuvor abgebrannt wurden. Die grauen, teilweise schwach hellblau oder grünlich getönten Flächen stellen den mehr oder weniger nackten Sandstein dar, auf dem die spärliche Vegetation ihr Laub schon abgeworfen hat (Abb. 17). Deutlich heben sich die kräftig roten Linien ab, die vitale, wasser- und chlorophyllreiche Vegetation anzeigen. Ihr Auftreten ist an die strukturellen Vorgaben des Sandsteinmassivs gebunden. Fast alle tief eingeschnittenen Tälchen enthalten solche roten Linien. Selbst in dem vom Buschbrand erfaßten Bereich sind sie erhalten geblieben. Am auffälligsten sind jedoch die vielfach gewundenen Linien, die von den Baumgalerien entlang der Bäche, die die intramontanen Ebenen entwässern, hervorgerufen werden. Beim Eintreten der Bäche in das Vorland erweitern sich die Linien zu kleinen, kräftig rot gefärbten Flächen, die ebenfalls dichte, grüne Vegetation anzeigen. Es ist ein Bereich, in dem die "Karstrandebene" buchtartig in das Sandsteinmassiv eingreift. Beide Bäche stürzen beim Eintreten in die Ebene als Wasserfälle mit einer Fallhöhe von ca. 25 m in kleine Teiche.

Abb. 17 Vegetationsstreifen zwischen Sandsteinstufe und Schutthang am Nordrand des Massivs bei Tambaga
Die Aufnahme entstand am 24.2.1990 (Blick nach SW)

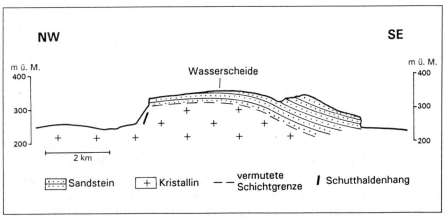

Abb. 18 Schematisches Profil durch den Sandsteinzug bei Tambaga

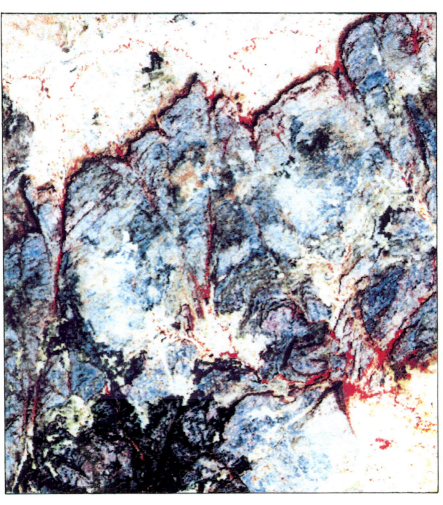

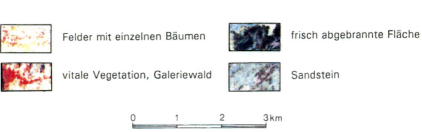

Abb. 19 Ausschnitt aus der SPOT-Szene 61-327 vom 23.2.1987, 10:28 Uhr

Diesen Belegen einer weitgehend oberirdischen Entwässerung stehen Beobachtungen aus anderen Teilen des Sandsteinmassivs gegenüber. Weniger auffällig ist die Rotfärbung auf der SPOT-Szene entlang der Stufe zum nördlichen Vorland, da sie hier von dem schwarzen Schatten der Stufe in der Vormittagssonne verdeckt wird. Abb. 17 zeigt den belaubten Vegetationsstreifen entlang der oberen Kante der Schuttrampe, der die Rotfärbung verursacht. Er zeigt an, daß hier in hochgelegener Position Wasser austritt. Bei Tambaga liegt in dieser Reliefposition eine Quelle, die die dortige Missionsstation ganzjährig mit Wasser versorgt. Unter Berücksichtigung der in den vorangegangenen Kapiteln dargestellten geologischen und geomorphologischen Verhältnisse ist es naheliegend, den Schichtwechsel vom Sandstein zum unterlagernden Kristallin als Ursache für den Wasseraustritt anzunehmen. Danach fungiert das Kristallin in diesem Fall als Staukörper für das im Sandstein gespeicherte Wasser. Der Sandstein ist offensichtlich in der Lage, einen Großteil der in der Regenzeit anfallenden Niederschlagsmenge aufzunehmen und nur langsam an seiner Basis auslaufen zu lassen. Hier erlangt das Prärelief des Kristallins unter dem Sandstein eine besondere Bedeutung, denn obwohl der Sandstein grundsätzlich - wenn auch mit unterschiedlich starker Neigung - zum Beckeninneren hin einfällt, profitiert auch das nördliche Vorland noch von seinem Wasserabfluß. Der Grund hierfür liegt in dem Relief des als Staukörper fungierenden Kristallins unter dem Sandstein. Dieses bildet eine unterirdische Wasserscheide, die weit entfernt vom Nordrand des Sandsteinmassivs verläuft, so daß ein beträchtlicher Wasserabfluß nach Norden gegeben ist (Abb. 18).

So ergibt sich ein sehr inkohärentes Bild von dem Wasserhaushalt in dem Sandsteinzug. Teils erfolgt die Entwässerung oberirdisch durch Bäche. An anderen Stellen hingegen tritt das Wasser nahezu flächenhaft an der Basis zum Kristallin aus, als wäre der Sandstein völlig porös oder zerklüftet. In jedem Fall aber belegt die SPOT-Szene den ungewöhnlich hohen Wasseranfall noch in der weit fortgeschrittenen Trockenzeit.

Sicherlich hat der stark zerklüftete Sandstein mit seiner nur örtlich auftretenden und dann sehr sandigen Bodenbedeckung sehr gute Infiltrationsraten. Angesichts der zahlreichen Schichtfugenhöhlen ist es auch denkbar, daß sanderfüllte Hohlräume in dem Sandstein zu seiner Speicherfähigkeit beitragen. Die Sandfüllung in den Hohlräumen wäre dann zugleich eine gute Erklärung für das langsame Ablaufen des Wassers aus den Hohlräumen. SPONHOLZ (1989b:62) gibt das Hohlraumvolumen eines stark verkarsteten Sandsteines in Niger mit 3 % an. Und KRAUTHAUSEN (1985:30) schreibt: "In klüftigen Sandsteinen treten Pseudokarstformen - karstähnliche Formen sowohl an der Oberfläche als auch im Untergrund, die vor allem im tropisch-humiden Klima durch erosiv-physikalische und chemische Lösungsvorgänge zustande kommen - verbreitet auf. Sandsteine erweisen sich in Afrika und im Vorderen Orient zumeist als wertvoller Aquifer. Vielfach bedingt das Zusammenwirken von Kluftwasser aus Großklüften und von Porenwasser ein konstantes Schüttungsverhalten der Quellen; ein gutes Beispiel dafür bieten die Wikkii Warm Springs in Nigeria mit ihrem Höhlenbach, wobei die Gesamtschüttung aus vier Quellbezirken rund 1 m³/s beträgt. Großquellen und Quellhöhlen sind auch in der Sahelzone (Obervolta, Mauretanien, Niger, Tschad, Mali) bekannt".

Für das Sandsteingebiet von Gobnangou bleibt festzuhalten, daß die den Wasserhaushalt beeinflussenden Geofaktoren ausgesprochen günstig sind. Zahlreiche Klüfte und sandige Oberböden erlauben hohe Infiltrationsraten. Der Sandsteinblock selbst ist in der Lage, große Wassermengen zu speichern. Aufgrund der Morphologie des unterlagernden Kristallins erfolgt der Wasserabfluß nicht nur mit dem Schichtfallen zum südlichen Vorland, sondern auch in erheblichem Maße zum nördlichen Vorland hin. Erklärungsbedürftig bleibt jedoch, warum das in dem Sandstein zurückgehaltene Wasser nicht ausschließlich an der Basis ausläuft, sondern sich ebenso Wasserfälle mit Fallhöhen von 20 und mehr Metern in das Vorland ergießen. Als mögliche Erklärung bietet sich hier ein karstartiges Entwässerungssystem in dem inhomogenen Sandsteinmassiv an.

7 Böden

Auf Bodenübersichtskarten von Burkina Faso ist der Sandsteinzug von Gobnangou durch Rohböden (Sols minéraux bruts) ausgewiesen. Die südlich anschließende Pendjari-Ebene wird nahezu ausschließlich von hydromorphen Böden eingenommen. In der nördlich gelegenen Kristallin-Landschaft dominieren die "Sols ferruguineux tropicaux", Böden, die auf Lateritkrusten und saprolithisiertem Gestein entstanden sind (vgl. PERON et al. 1975:11).

Grundlage für Abb. 20 ist eine Karte der Bodengesellschaften von BOULET & LEPRUN (1969) im Maßstab 1 : 500 000. Die Kartierung war nach dem französischen, oder auch O.R.S.T.O.M.-System erfolgt. Die Systematik ist pedomorphogenetisch strukturiert und speziell für die Klassifikation tropischer Böden entwickelt worden. In ihr werden zunächst Bodengruppen je nach Verwitterungsintensität unterschieden. Weitere Merkmale zur Unterscheidung der Böden sind die Reliefposition und der damit verbundene Wasserhaushalt sowie der geologische Untergrund. Frühe Darstellungen der ständig weiterentwickelten Systematik gibt AUBERT (1963; 1964). Eine knappe Beschreibung der stark aktualisierten Fassung findet sich bei DUCHAUFOUR (1988). Kurze Übersichten in deutscher Sprache liefern SCHMIDT-LORENZ (1986) und MÜLLER-SÄMANN (1986).

In Abb. 20 werden Rohböden je nach Ausgangsgestein unterschieden. Bodeneinheit 1 kennzeichnet den Sandsteinzug und Einheit 2 betrifft die Lateritafelberge, die vor allem entlang der Abtragungsstufe auftreten. In Einheit 3 sind die übrigen freigelegten Gesteine zusammengefaßt. Abgesehen von den Atakora-Bergen im Südosten werden von dieser Einheit nur kleinere Flächen in den Kristallin-Gebieten abgedeckt, beispielsweise wo Inselberge aus der Lateritebene aufragen. Eine große flächenhafte Verbreitung hat die Einheit 4, in der unterschiedliche, schwach entwickelte (geringmächtige) Böden zusammengefaßt sind, die sich auf den Lateritkrusten oder dem saprolithisierten Gestein entwickelt haben und meistens sehr pisolithreich sind. Ebenfalls zur Klasse der schwach entwickelten Böden (Sols peu évolués) gehört Einheit 5, die die Böden auf dem erosiv freigelegten und wenig verwitterten Schiefer im Bereich der Stufenrandlinie charakterisiert.

Bei den Vertisolen werden in der französischen Systematik die topomorphen von den lithomorphen unterschieden. Während die topomorphen Vertisole ihre Entstehung vor allem der (niedrigen) Reliefposition verdanken - sie sind daher meist hydromorph -, entstanden die lithomorphen Vertisole bei der Verwitterung basenreicher Gesteine. In der Abbildung beschränkt sich das Auftreten der topomorphen Vertisole entsprechend auf die Niederungen der Flußläufe (Einheit 6). Der Vergleich mit Abb. 1 zeigt, daß sich das Verbreitungsgebiet des Bodens recht gut mit dem von saisonalen Überschwemmungen betroffenen Gebiet entlang des Doubodo deckt. Bei den lithomorphen Vertisolen werden noch nach dem Ausgangsgestein solche auf kristallinen Gesteinen (Einheit 7) von denen auf Schiefer unterschieden (Einheit 8). Bei diesen Böden fällt auf, daß sich ihre Verbreitung ausschließlich auf das Vorfeld der Lateritstufe beschränkt, also auf Bereiche, in denen die entbasten Verwitterungsdecken abgetragen sind und unverwittertes Gestein oberflächennah ansteht. In gleicher Reliefposition liegen die vertisolartigen, eutrophen Braunerden der Einheit 9, die sich durch hohe Na-Gehalte und ihre Vergesellschaftung mit Solonetz-Böden auszeichnen.

In der Klasse der "Sols ferruguineux tropicaux" sind die Böden intensiver tropischer Verwitterung zusammengefaßt. Es sind sesquioxidreiche Böden (Fe- und z. T. Mn-Oxide), in denen Kaolinit das vorherrschende Tonmineral ist (BOULET et al. 1970:18). Die Sesquioxide können in Form von Konkretionen (Pisolithen) vorliegen oder durch eine mehr oder weniger intensive Rotfärbung im Unterboden angezeigt werden. Die Rotfärbung kann homogen oder auch stark fleckig sein. Die Einheiten 9 und 10 betreffen nur lessivierte Böden, also Böden, die eine Tonzunahme zum Unterboden hin aufweisen. Einheit 10 ist durch hohe Pisolithgehalte gekennzeichnet. Damit unterscheiden sich die Böden dieser Einheit von denen der Einheit 4, mit denen sie vergesellschaftet sind, vor allem in ihrer tieferen Gründigkeit. Mit der Bodeneinheit sollen insbesondere die besser durchfeuchteten und daher anbaufähigen Böden entlang der Gerinnebetten dargestellt werden, die oftmals in dem Abtragungsschutt der älteren Krustenniveaus entwickelt sind (BOULET & LEPRUN 1969:231). Einheit 11 betrifft Böden, die in Sand, dem Verwitterungsprodukt des Sandsteins, entwickelt sind. Im südlichen Gobnangou-Vorland werden sie den "Sols ferruguineux tropicaux" wegen ihrer kräftigen Rotfärbung zugerechnet, die im unteren Unterboden bisweilen in eine starke Fleckung übergeht, wobei auch Konkretionen auftreten können. Im nördlichen Vorland werden die Böden aus Sand von vertontem Kristallin unterlagert, so daß sie durch Staunässe gekennzeichnet sind (Einheit 12). In der Pendjari-Ebene herrschen hydromorphe Böden vor, die zusätzlich nach Ausgangsgestein (Hochflutlehm, Schiefer, Saprolith) unterschieden werden können.

Zusammenfassend läßt sich sagen, daß die in Abb. 20 dargestellten Bodengesellschaften die Vorgaben von Relief und Gestein nachzeichnen. Im Bereich der flächenhaft verbreiteten Lateritkrusten variieren Ausprägung und Qualität der Böden vor allem je nach Mächtigkeit und Pisolithanteil des überlagernden Lockerbodens. Tiefgründige und nährstoffreiche Böden haben sich auf den erosiv freigelegten Gesteinen im Vorfeld der Stufenrandlinie entwickelt (Vertisole und vertisolartige Braunerden). Im

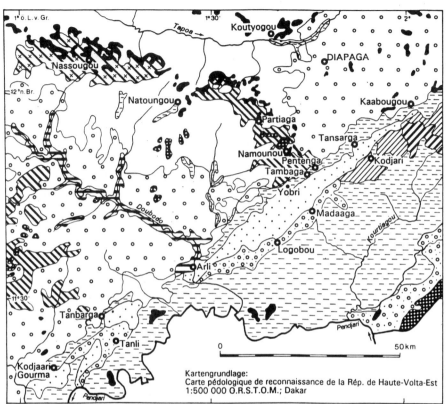

Rohböden

1 ⬚ auf Sandstein

2 ■ auf Lateritkruste

3 ▦ auf anderen Festgesteinen

Schwach entwickelte (geringmächtige) Böden

4 ⬚ pisolithreich, auf Lateritkruste oder Saprolith

5 ▨ auf Schiefer u. Kieselschiefer, örtlich auf Lateritkruste

Hydromorphe Böden

12 ⬚ vorwiegend Pseudogleye

Eutrophe Braunerden und Vertisole

6 ▤ topomorphe Vertisole auf tonigem Alluvialmeterial

7 ▩ lithomorphe Vertisole auf basischem Kristallin

8 ▨ lithomorphe Vertisole auf Schiefer

9 ▨ eutrophe Braunerden vergesellschaftet mit Solonetz, auf basischem Kristallin

Sesquioxidhaltige Böden ("Sols ferrugineux tropicaux")

10 ⬚ lessiviert u. pisolithreich, auf tonig-sandigem Substrat

11 ⬚ lessiviert, auf Sandstein

Abb. 20 Bodenübersichtskarte des südöstlichen Burkina Faso
(verändert nach BOULET & LEPRUN 1969)

Bereich des Sandsteinzuges reicht das Spektrum der Böden von geringmächtigen Lithosolen bis zu tiefgründigen, rotgefärbten, lessivierten Böden. Im nördlichen Vorland des Sandsteinzuges werden die sandsteinbürtigen Böden vom vertonten Kristallin unterlagert, so daß es zur verstärkten Ausbildung von Pseudogley-Merkmalen kommt. Ansonsten beschränkt sich das Auftreten der Staunässeböden auf die nähere Umgebung größerer Gerinne und die Pendjari-Ebene.

Im folgenden werden Catenen und Bodenprofile beschrieben, die bei den Geländearbeiten aufgenommen wurden. Die Darstellungen erfolgen gemäß der revidierten FAO-Nomenklatur, da diese sich als internationaler Standard durchzusetzen scheint. Im Gegensatz zur französischen Systematik ist sie jedoch nicht pedogenetisch ausgerichtet, sondern zielt vielmehr darauf ab, Fertilität und Anbaumöglichkeiten auszudrücken. Eine Parallelisierung mit den Bodentypen der französischen Systematik ist daher nur sehr eingeschränkt möglich. Für die Anwendung der FAO-Systematik waren neben der Legende (FAO 1988) besonders die Ausführungen von SCHMIDT-LORENZ (1986) und das Poster der FAO (1987) hilfreich.

Um Mißverständnissen vorzubeugen, soll vorab der Gebrauch einiger, häufig verwendeter Begriffe erklärt werden, für die in der Literatur recht unterschiedliche - oft widersprüchliche - Definitionen zu finden sind.

Decklehm - In weiten Gebieten haben sich die rezenten Böden in einer Deckschicht entwickelt, die sich in Textur und Farbe meist deutlich von der unterlagernden Schicht (z. B. Laterit) unterscheidet oder durch eine Steinlage von dieser getrennt ist. Diese Decklehme sind flächenhaft verbreitet und können über 1 m mächtig sein. In der Regel nimmt die Mächtigkeit hangabwärts zu. Ihr Auftreten ist jedoch nicht an bestimmte Reliefpositionen gebunden. Hinsichtlich der Entstehung der meist tonig-sandigen Substrate sind noch viele Fragen offen. Wahrscheinlich trugen Verspülungsvorgänge, Termitentätigkeit (die Termiten brachten Material aus tieferen Schichten an die Oberfläche) und äolische Staubsedimentation zu ihrer Bildung bei (s. ROQUIN et al. 1990; SEMMEL 1991:39). Ebenfalls verwendete Bezeichnungen für solche Substratdecken sind "hillwash" und "recouvrement argilo-sableux" (vgl. ROHDENBURG 1969; FÖLSTER 1983; VEIT & FRIED 1989). FAUST (1991:51) zieht die Bezeichnung "Deckschicht" vor, da sie "sich nicht auf eine Bodenart festlegt".

Laterit - der Begriff Laterit wird benutzt, um morphologisch harte, rot gefärbte Krusten zu kennzeichnen, die in der Regel hohe Anteile an Fe- und Al-Oxiden haben. Lateritkrusten können den Abschluß eines mächtigen Verwitterungsprofils mit Flecken- und Bleichzone über dem Ausgangsgestein bilden (wie bei den Lateritafelbergen des endtertiären Verebnungsniveaus), sie können aber auch dem unverwitterten Festgestein unmittelbar aufliegen (vgl. SEMMEL 1983:96f. und 1991:38). Diese Beschreibung von Laterit entspricht weitgehend der Definition von "Ferricrete" von OLLIER & GALLOWAY (1990:98). Der gebräuchlichere Begriff Laterit wird hier jedoch beibehalten, nicht zuletzt, weil die Fe-Oxid-Gehalte der Krusten nicht gemessen wurden. Im Hinblick auf die Bodenansprache werden Lateritkrusten wie Festgestein behandelt. Ist beispielsweise die Bodendecke über der Kruste nicht mächtiger als 30 cm, wird der Boden gemäß der FAO-Nomenklatur als Leptosol bezeichnet.

Plinthit - In der revidierten FAO-Legende ist der Plinthosol als eigener Bodentyp von den Ferralsols abgegrenzt worden. Plinthit wird als Fe-reiche, humusarme Mischung von Ton und Quarz sowie anderen Beimengungen beschrieben, der meist durch kräftige Rotfleckung auffällt. Bei wiederholter Durchfeuchtung und Austrocknung verhärtet er irreversibel. Damit ist die Beschreibung von Plinthit weitgehend inhaltsgleich mit dem "mottled clay horizon" bzw. der Fleckenzone im deutschen Sprachgebrauch. Im Gegensatz zu Lateritkrusten sind Plinthithorizonte im Boden meist Staunässebildner. Als morphologisch harter Stufenbildner tritt Plinthit jedoch kaum in Erscheinung (vgl. FAO 1988; OLLIER & GALLOWAY 1990; SCHEFFER & SCHACHTSCHABEL 1989: 442).

Saprolith - Unter Saprolith wird in situ verwittertes Gestein verstanden, dessen Struktur noch makroskopisch erkennbar ist. Das Gestein ist weich (mit dem Spaten grabbar) und relativ leicht, da mineralische Bestandteile in gelöster Form abgeführt worden sind. Die Begriffe Saprolith und Zersatz werden synonym verwendet (vgl. FÖLSTER 1983:5f.; FELIX-HENNINGSEN 1990; OLLIER & GALLOWAY 1990:98; SEMMEL 1991:38).

Trotz dieser Festlegungen ist die Anwendung der FAO-Nomenklatur nicht ganz unproblematisch. Vor allem die Erforderlichkeit bestimmter bodenchemischer Kennwerte zur Charakterisierung der Böden beeinträchtigt die Möglichkeiten der Feldansprache. Als Beispiel seien Böden genannt, die vor allem durch eine Tonzunahme zum Unterboden hin charakterisiert sind. Je nach Austauschkapazität des Tones und der Basensättigung im Bt-Horizont werden Luvisols, Alisols, Acrisols oder Lixisols voneinander unterschieden. Bei den meisten der im Labor bearbeiteten Proben liegt die Austauschkapazität unter dem Grenzwert von 24 cmol/kg Ton. Die Böden werden daher grundsätzlich als Acrisols oder Lixisols angesprochen. Die Unterscheidung zwischen Acrisols und Lixisols anhand der Basensättigung ist schwer genug, denn bei ohnehin geringen Austauschkapazitäten kann die Basensättigung je nach Drainage-Verhältnissen und Nutzung stark schwanken. Ferralsols werden in dem Untersuchungsgebiet nicht erfaßt. Das für die Ansprache des ferralic B-Horizontes notwendige Schluff-Ton-Verhältnis von 0,2 oder kleiner wird wegen der hohen Schluffgehalte in den fraglichen Horizonten nicht erreicht. Die aus der ehemaligen Gruppe der Ferralsols ausgegliederten Plinthosols treten in dem untersuchten Gebiet durchaus auf. Bei der folgenden Besprechung der Catenen und Bodenprofile werden meist die Kriterien angeführt, die zur Typologisierung der Böden geführt haben.

Die in den Abbildungen von Catenen und Bodenprofilen verwendeten Signaturen und Symbole sind in Abb. 21 erklärt. Bei der Darstellung der Catenen wird zugunsten der Übersichtlichkeit auf die Angabe von Bodenart, Steingehalt und Bodenfarbe verzichtet. Statt dessen sind die beprobten Horizonte markiert, deren Laboranalysen in den Profilabbildungen dargestellt werden. Hierfür wurden repräsentative Bodenprofile ausgewählt. Eine Ausnahme sind solche Catenen, bei denen keine Probennahme erfolgte, bei ihnen werden die Horizontsymbole durch die Angabe von Bodenart und Steingehalt ergänzt. Die Zugehörigkeit eines Bodenprofils zu einer Catena ist an der Profilbezeichnung zu erkennen. Die Zahl vor dem Punkt ist die Nummer der Catena, die nachgestellte Zahl die Nummer des Bodenprofils darin. Bodenprofile, die in keiner Catena enthalten sind, sind durch den Buchstaben "P" kenntlich gemacht (z. B. P2). Beschreibungen der durchgeführten Laboruntersuchungen sind im Anhang (14.1) zusammengestellt.

7.1 Die Böden des Sandsteinzuges

Das Spektrum der Böden, die in dem Sandsteingebiet anzutreffen sind, reicht von geringmächtigen Rohböden bis zu tiefgründigen Böden, die Merkmale typisch tropischer Verwitterung zeigen. Hierzu gehören vor allem Bildung und Verlagerung von Kaolin und Eisenoxiden. In diesem Abschnitt werden Böden dargestellt, die ausschließlich in sandsteinbürtigen Sedimenten entstanden sind. Das betrifft nicht nur Böden innerhalb des Sandsteinzuges, sondern auch einige Bereiche des südlichen Vorlandes. Die Herkunft des Substrates läßt sich anhand der Bodenarten ermitteln. Hohe Gehalte an Mittelsand, Feinsand und Grobschluff, in den Oberböden oft zwischen 70 und 90 %, weisen auf den Sandstein als Materiallieferant hin. Die Gehalte der benachbarten Fraktionen Grobsand und Mittelschluff sind demgegenüber immer auffällig niedrig. Die Verbreitung der tiefgründigen Böden entspricht weitgehend der Kartiereinheit 11 in Abb. 20, wobei kleinräumige Vorkommen innerhalb des Sandsteinzuges hinzuzuzählen sind.

Catena C1 (Abb. 22) liegt etwa 290 m ü. M. und quert eine intramontane Ebene

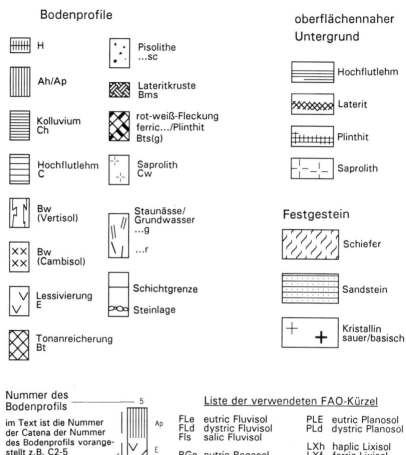

Abb. 21 Legende zu den Catenen und Bodenprofilen

BODENPROFILE

Profilbezeichnung siehe Bildunterschrift (z. B. C4-6 = 6. Bodenprofil der Catena C4)

(1) 1. Horizontbezeichnung nach FAO (1988)
    2. Bodenart nach AG BODENKUNDE (1982)
    3. Bodenfarbe trocken nach MUNSELL SOIL COLOR CHARTS (1988)
       Angaben in Klammern = Mischfarbe
       n. b. = nicht bestimmt

(2) Korngrößenanteile in Gewicht-%
    schraffierter Bereich = Ton (T)
    ohne Signatur = Schluff (fU, mU und gU)
    punktierter Bereich = Sand (fS, mS und gS)

(3) organische Substanz in Gewichtsprozent

(4) pH-Wert gemessen in KCl

(5) Austauschkapazität nach MEHLICH = potentielle Kationen
    punktierter Bereich = Summe der Basen (Na, K, Mg und Ca)

(6) Tabelle (die angegebenen Werte entsprechen den graphisch dargestellten Angaben)

Beispiel:

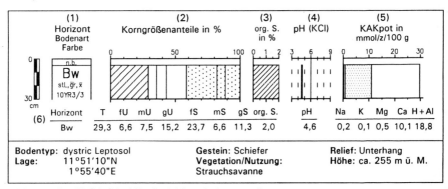

(1) Horizont Bodenart Farbe	(2) Korngrößenanteile in %						(3) org. S. in %	(4) pH (KCl)	(5) KAKpot in mmol/z/100 g				
Horizont	T	fU	mU	gU	fS	mS	gS	org. S.	pH	Na	K	Mg	Ca	H+Al
Bw	29,3	6,6	7,5	15,2	23,7	6,6	11,3	2,0	4,6	0,2	0,1	0,5	10,1	18,8

Bodentyp: dystric Leptosol **Gestein:** Schiefer **Relief:** Unterhang
Lage: 11°51'10"N **Vegetation/Nutzung:** Strauchsavanne **Höhe:** ca. 255 m ü. M.
        1°55'40"E

Abb. .. Profil C4-6 bei Kodjari (dystric Leptosol)

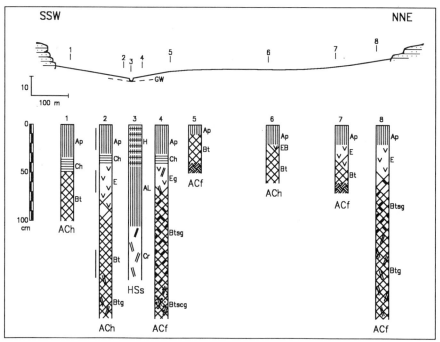

Abb. 22 Catena C1 innerhalb des Sandsteinzuges

innerhalb des Sandsteinzuges, wobei sie einen Bach etwa 500 m vor dessen Austritt aus dem landwirtschaftlich genutzten Bereich schneidet. In dem intensiv genutzten Gebiet werden daher ausschließlich bebaute Böden erfaßt. Die Vegetation besteht im wesentlichen aus einer Busch- und Baumgalerie entlang des Baches sowie einigen Bäumen, die bei der Vorbereitung der Felder nicht gerodet worden waren. Die Hangneigungen innerhalb der Ebene sind ausgesprochen gering. Selbst zum Bach hin oder am äußeren Rand zum aufsteigenden Sandstein hin übersteigen sie 2° nicht. Auffällig sind einige große Termitenhügel mit recht unterschiedlicher Farbe, z. B. ockerbraun mit unterschiedlich intensiver Rottönung, in Bachnähe eher graubraun.

Die Ap-Horizonte der Böden sind bei allen Profilen durch die Hacktätigkeit, stellenweise bis zu einer Tiefe von 35 cm, homogenisiert und heben sich scharf von den unterlagernden Eluvialhorizonten ab, von denen sie örtlich durch geringmächtige Kolluvien getrennt sind. Die Sandgehalte der Ap-Horizonte sind recht hoch (46 - 78 %), die Tongehalte hingegen gering (3 - 14 %). Von den Eluvial- zu den Bt-Horizonten nehmen die Tongehalte kontinuierlich zu. Scharfe Horizontgrenzen sind nicht vorhanden, der Übergang von Eluvial- zu Tonanreicherungshorizont ist fließend, wobei im Unterboden Tongehalte von 30 % erreicht werden. Die Böden werden daher als Acrisols angesprochen. Zum unteren Unterboden löst sich die homogene Farbe meist in eine starke Fleckung auf (ferric Eigenschaften), die mit zunehmender Tiefe weniger kontrastreich wird. Rostfarbene und graue Flecken zeigen in den tiefsten Bereichen zunehmend hydromorphen Einfluß auf die Bodenbildung an (Abb. 23).

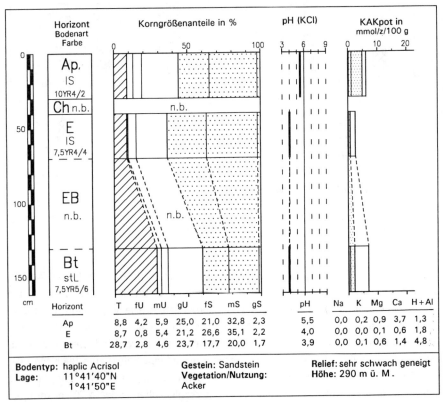

Abb. 23 Profil C1-2 (haplic Acrisol)

Die geringmächtigsten Böden prägen den inneren Teil der Ebene. Bei den Profilen C1-5 und C1-7 folgen bereits in Tiefen unter 1 m lokale Krustenbildungen, wie sie auch entlang der Wasserläufe auf dem Sandstein gelegentlich auftreten. Mit bestimmten Flächenniveaus lassen sich diese lateritischen Krustenbildungen, in denen meist sehr viel Sandsteinschutt verbacken ist, jedoch nicht in Verbindung bringen. Das Feinbodenmaterial über den Krusten ist ähnlich texturiert wie die vorgenannten Bt-Horizonte, die Ap-Horizonte darüber sind deutlich tonärmer. Die Böden werden daher als (erodierte) ferric Acrisols mit petroferric phase angesprochen.

Austauschkapazität, Basensättigung und pH-Werte der Unterböden sind in der Regel ausgesprochen niedrig. Nur in den Ap-Horizonten wurden pH-Werte über 5 gemessen, bei einer Basensättigung von z. T. über 70 %. In den unteren Horizonten hingegen erreichen die pH-Werte meist nur knapp 4, die Basensättigung schwankt zwischen 25 und 40 %. Den tiefsten pH-Wert von 3,5 zeigt der mineralische Unterboden einer Bohrung im Bachbett. Bei diesem Profil (terric Histosol) folgt unter einem 45 cm mächtigen H-Horizont ein etwa 65 cm mächtiger, sehr stark humoser Bodenhorizont. Erst darunter erscheint der helle Mineralboden. Das Profil liegt 2 m unter Flur, so tief ist der Bach eingeschnitten. Nach 30 cm Profiltiefe war bereits das Grundwasser erreicht (am 20. März 1990, in der weit fortgeschrittenen Trockenzeit!).

Die Catena belegt, daß auch innerhalb des unwirtlich erscheinenden Sandsteinzuges tiefgründige Böden auftreten, die eine intensive Bodenentwicklung aufweisen. Die Tongehaltsunterschiede innerhalb der Profile, bei meist geringer Basensättigung im Bt-Horizont, führen zur Ansprache als Acrisols. In den Unterböden haben sie oftmals ferric Eigenschaften. Auffällig ist das häufige Auftreten hydromorpher Merkmale in den unteren Unterböden nicht nur in Bachnähe. Hierbei muß offen bleiben, ob es sich um einen Staueffekt durch unterlagerndes Festgestein oder aufgrund höherer Tongehalte handelt (s. Abschnitt 5.2.3 und Kap. 6).

Das Massiv von Madjoari in der südlichen Verlängerung des Gobnangou-Massivs erhebt sich ebenfalls mit einer steilen Frontstufe über das nördliche Vorland. Der höchste Berg nahe der Ortschaft Madjoari erreicht 386 m ü. M. Im Gegensatz zum Gobnangou-Massiv tritt der Sandstein nur am Nordrand als Stufenbildner zutage. Gen Süden taucht er unter einer Sedimentdecke ab. Die Landoberfläche fällt schwach nach SE bis zu dem Bachlauf des Kadéga, der auf der Höhe der Ortschaft Martambiima in etwa 220 m ü. M. liegt, ab. Der Bach entwässert nach SE, in der Streichrichtung des Sandsteins, zum Pendjari hin. Von Martambiima in südlicher Richtung steigt die Landschaft wieder langsam an. Die höchsten Höhen erreicht sie entlang eines sehr flachen, ebenfalls die Streichrichtung nachzeichnenden Riedels mit knapp über 240 m. Auch auf dem Riedel sind tiefgründige, sandige Böden entwickelt, so daß selbst in Kuppenposition Felder angelegt sind (Abb. 24). Von hier aus fällt die Landoberfläche sehr gleichmäßig zum Pendjari hin ab. Etwa entlang der 200 m-Isohypse befinden sich eine Reihe von Ortschaften (Momba, Tanli u. a.), in deren Umgebung intensiver Feldbau betrieben wird.

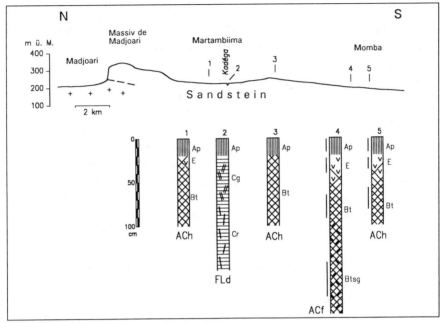

Abb. 24 Catena C2 durch das Madjoari-Massiv

Die Böden in dieser Region sind denen der vorgenannten Catena ähnlich. Sie sind meist homogen rot gefärbt, wobei in den Bt-Horizonten Hue-Werte von 5YR und 2,5YR die Regel sind. Von den Ap-Horizonten mit deutlich unter 10 % Ton erfolgt eine Tonzunahme auf weit über 20 % in den Bt-Horizonten. Die hohen Gehalte der Fraktionen mS, fS und gU in allen Horizonten belegen auch hier die Sandsteinbürtigkeit des Substrats. Erst ab 1 m Profiltiefe tritt gelegentlich eine kräftige Rot-Weiß-Fleckung auf und die Tongehalte können geringfügig abnehmen (Abb. 25, Profil C2-4). In Kuppenlage sind die Böden z. T. erodiert, ungünstigstenfalls liegt der Ap-Horizont unmittelbar dem Bt-Horizont auf. Die pH-Werte der Böden nehmen mit der Tiefe ab. In den Ap-Horizonten liegen sie meist bei 6, in den Unterböden jedoch deutlich unter 5. Die Austauschkapazität ist in allen Horizonten gering, bei recht unterschiedlicher Basensättigung. So beträgt sie bei Profil C2-4 im Bt-Horizont knapp 70 % (daher die Ansprache als Lixisol), im unterlagernden Btsg-Horizont wurden jedoch nur 35 % gemessen. Bei Profil C2-5 (Abb. 26) ist die Basensättigung unterhalb des Ap-Horizontes sowohl im E- (21%) als auch im Bt-Horizont (28%) sehr niedrig. Dafür ist die Rotfärbung im Bt-Horizont noch etwas kräftiger ausgeprägt. Es bietet sich daher an, zur weiteren Kennzeichnung des Bodens den Terminus rhodic zu verwenden. Danach wird der Boden als rhodi-haplic Acrisol angesprochen.

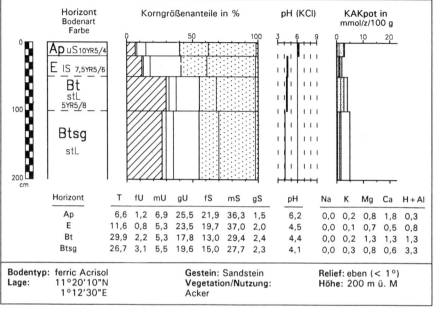

Abb. 25 Profil C2-4 bei Momba (ferric Acrisol)

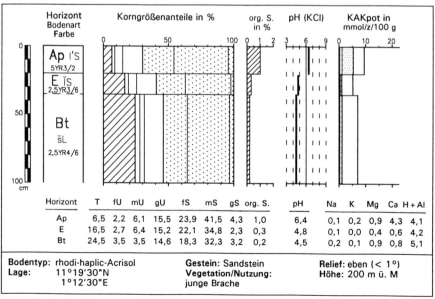

Abb. 26 Profil C2-5 bei Momba (rhodi-haplic Acrisol)

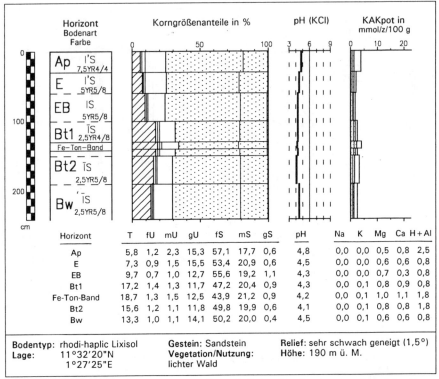

Abb. 27 Profil P1 4 km südlich von Arli am Fuß des Sandsteinzuges (rhodi-haplic Lixisol)

Im südlichen Vorland des Sandsteinzuges von Gobnangou sind ebenfalls tiefgründige Acrisols und Lixisols verbreitet. Besonders kräftig gefärbte Böden treten nur in direkter Nähe zum Sandstein auf. Ein solches Profil wurde im Nationalpark Arli, in etwa 20 m Entfernung vom aufsteigenden Sandstein aufgegraben (Abb. 27). Die Vegetation ist ein lichter Wald. Das Gelände fällt mit geringer Neigung von 1,5° zum Arli hin ab.

Bei diesem Bodenprofil sind die Horizonte relativ homogen gefärbt, also ohne Fleckung, wobei vom Oberboden (7,5YR4/4 im Ap-Horizont) zum Unterboden (2,5YR5/8) eine kontinuierliche Zunahme der Rottönung festzustellen ist. Lediglich der EB-Horizont weist eine sehr schwache Fleckung auf. Ebenfalls bis in 1 m Tiefe sind zahlreiche Tiergänge bis maximal 1 cm Durchmesser vorhanden. Seltener, aber bis zur Basis des Profils, treten kleinere Tierbauten auf. Beispielsweise gibt es kugelförmige Hohlformen von etwa 7 cm Durchmesser, in denen Insektenlarven oder kleine Würmer abgelegt sind. Bis auf zwei große Sandsteinbrocken (ca. 10 cm Durchmesser) in 70 und 120 cm Tiefe war das ganze Profil steinfrei. Vom Ap- zum Bt-Horizont in 1,5 m Tiefe steigen die Tongehalte kontinuierlich von 5,8 auf 17,2 % an und fallen darunter wieder auf 13,3 % ab. Werte wie in der intramontanen Ebene werden also nicht erreicht. In 110 und 140 cm Tiefe weist das Profil farblich nicht hervortretende Ton-Eisen-Bändchen auf. Von diesen ist nur das untere beprobt worden und in der Profilbeschreibung angegeben. Die Austauschkapazität ist in allen Horizonten ausgesprochen gering (zwischen 2 und 4 mmol/z/100 g), wobei die Basensättigung meist über 50 % liegt. Der Boden wird daher als haplic Lixisol angesprochen und wegen der Rotfärbung mit dem Zusatz "rhodi-" versehen (rhodi-haplic Lixisol).

Das Profil weist sowohl in den makroskopischen Merkmalen als auch bei den im Labor ermittelten Kennwerten deutliche Unterschiede zu den bisherigen Böden auf. Das Fehlen hydromorpher Merkmale im Oberboden kann wohl auf die leichtere Bodenart in den Bt-Horizonten zurückgeführt werden. Während bei Catena C1 Tongehalte von 30 % erreicht werden, liegen sie bei diesem Boden selbst in den Ton-Eisen-Bändchen unter 20 %. Zählt man zu den Sandanteilen die Grobschlufffraktion noch hinzu, so liegen die Anteile der gröberen Fraktionen in allen Horizonten bei etwa 80 %, im Oberboden sogar über 90 %. Die größte Akkumulation von Ton wird in den Ton-Eisen-Bändchen erreicht: 18,7 %. Die gleiche Dynamik wie die Tongehalte zeigen die im Gesamtaufschluß ermittelten Eisenwerte. Mit der Tiefe nehmen sie kontinuierlich zu und kumulieren in den Ton-Eisen-Bändchen (2,0 % Fe_2O_3). Darunter fallen sie wieder auf 1,6 % ab.

In dem flachwelligen Gelände der "Karstrandebene" wurden Bohrungen vorgenommen, um die Profilunterschiede von Böden in Kuppenposition und solchen in Muldenlage zu erfassen. Catena C3 (Abb. 28) liegt in etwa 100 m Entfernung von der Sandsteinstufe. Die Bohrungen für die Profile C3-2 und C3-3 (Abb. 29 und 30) wurden auf Feldern in jungem Brachestadium vorgenommen. Die Böden unterscheiden sich deutlich voneinander. Das Profil in Muldenlage zeigt eine geringere Rotfärbung und in allen Horizonten höhere Humusgehalte (humic Acrisol). Zum Unterboden hin nimmt die Basensättigung ab, die Gehalte an Ca und Mg sind, unabhängig von der Austauschkapazität, wesentlich geringer als bei dem Profil in Kuppenposition, bei dem die Basensättigung mit der Profiltiefe zunimmt (haplic Lixisol). Entsprechend sind die pH-Werte etwas höher als bei Profil C3-2.

Der Vergleich der beiden Bodenprofile weist auf einen großen Einfluß des Wasserhaushaltes auf die Nährstoffversorgung in den Böden hin. Während in Kuppenposition bei geringerer Infiltration die Basengehalte zum Unterboden hin zunehmen, ist in

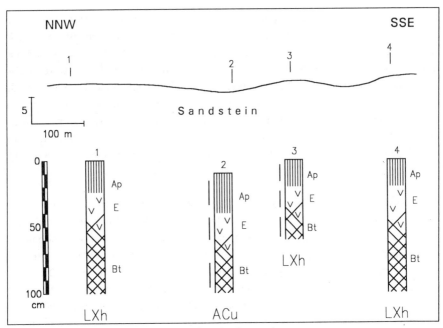

Abb. 28 Catena C3 am Südrand des Sandsteinmassivs

Muldenlage im Unterboden eine deutliche Verarmung zu verzeichnen. Lediglich im Ap-Horizont treten hier hohe Basengehalte auf. Es bleibt festzuhalten, daß selbst geringfügige Unterschiede im Relief - der Höhenunterschied zwischen den beiden Profilen beträgt auf einer Distanz von etwa 100 m nur 2 m - großen Einfluß auf den Wasserhaushalt haben, der sich bei den Bodenprofilen vor allem hinsichtlich der Gehalte an organischer Substanz und der Basenversorgung auswirkt. In welchem Umfang erodiertes Hangmaterial zum Profilaufbau des Bodens in Muldenlage beigetragen hat, muß offenbleiben. Wenngleich die hohen Gehalte an organischer Substanz und der Vergleich der Tongehaltsunterschiede in den Profilen eine kolluviale Überprägung nahelegen, sind in dem Profil keine Schichtgrenzen festzustellen.

Gemeinsames Merkmal der tiefgründigen Böden in dem Sandsteingebiet ist eine kontinuierliche Tonzunahme zum Unterboden hin. Während in den Ap-Horizonten die Tongehalte nur selten 10 % übersteigen, können sie in den Bt-Horizonten nahezu 30 % erreichen. Bei meist geringer Austauschkapazität im Bt-Horizont kann die Basensättigung sehr unterschiedlich sein, so daß die Böden teils als Acrisols, teils als Lixisols erfaßt werden. Deutlich zeigen die Analysenwerte die Abhängigkeit der Austausch-

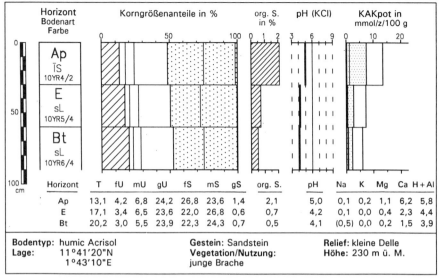

Abb. 29 Profil C3-2 bei Kidikanbou (humic Acrisol)

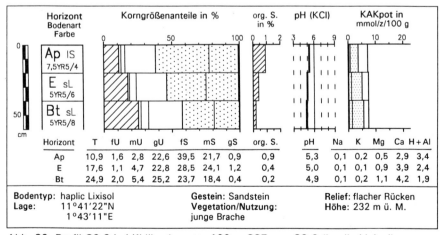

Abb. 30 Profil C3-3 bei Kidikanbou ca. 100 m SSE von C3-2 (haplic Lixisol)

kapazität von den Gehalten an Ton und Humus. 1 bis 2 % organische Substanz in den Ap-Horizonten bedingen erheblich höhere Austauschkapazitäten. Die niedrigsten Werte wurden in den ton- und humusarmen Eluvialhorizonten gemessen. Mit zunehmender Tiefe und steigenden Tongehalten nimmt auch die Austauschkapazität wieder zu. Auffällig bei einigen Böden ist die intensive Rotfärbung im Unterboden. Es sind vermutlich die wegen ihrer Textur oder Reliefposition besser drainierten Böden. Unter hydromorphem Einfluß geht die Rotfärbung in den Böden zurück (vgl. SCHWERTMANN 1971; FAUCK 1972; 1974). In tieferen Reliefpositionen (Bachnähe, Muldenlage) sind in den Oberböden vergleichsweise höhere Gehalte an organischer Substanz zu verzeichnen. Die Basensättigungen der Böden sind sehr unterschiedlich (zwischen 20 und 90 %), selbst innerhalb eines Bodens können in den einzelnen Horizonten sehr unterschiedliche Werte auftreten. Oftmals ist entweder eine kontinuierliche Zunahme oder Abnahme mit der Profiltiefe festzustellen (vgl. Profile C3-2 und C3-3). Auch hier scheint der Wasserhaushalt einen Einfluß auszuüben: Beispielsweise könnte in dem Profil in Dellenlage die größere Wasserperkolation im Unterboden zu einer Verarmung an Basen geführt haben.

Regelrecht abgekoppelt von der Dynamik der Unterböden erscheinen die Ap-Horizonte. Zunächst fällt auf, daß alle Böden bis in 20 oder 30 cm Tiefe homogenisiert sind. Dies weist auf eine langjährige ackerbauliche Nutzung, da der Pflug in der Region noch nicht Einzug gehalten hat. Die oberflächennahe Durchmischung des Bodens muß daher mit der Hacke stattgefunden haben. Dies ist nicht weiter verwunderlich, wenn man bedenkt, daß oftmals auf den Feldern kleine Wälle oder Hügel zusammengehackt werden, auf oder zwischen denen gesät wird. Von den chemischen Analyseergebnissen belegen die pH-Werte am deutlichsten den Unterschied zu den tieferen Horizonten, wo sie, mit der Tiefe abnehmend, meist zwischen 4 und 5 liegen. In den Ap-Horizonten hingegen sind Werte zwischen 5 und 6 die Regel, wobei auch höhere Werte gemessen wurden. Wesentliche Faktoren mögen hier die Mineralisierung des Bestandesabfalls und die biotische Aktivität sein. Organische Auflagehorizonte treten auch bei langjährigen Brachen nicht auf. Laubabfall der Büsche und Bäume sowie das welke Gras werden offensichtlich unmittelbar mineralisiert, sofern sie nicht nach dem Buschbrand als Asche zur Verfügung stehen.

7.2 Zur Staubsedimentation durch den Harmattan

Verbreitung und Ausmaß äolischer Sedimentation durch den Harmattan in Westafrika waren bereits Gegenstand zahlreicher Publikationen (MORALES 1979; MC TAINSH & WALKER 1982; VÖLKEL 1991). FRIED (1983) konnte schwermineralogisch äolische

Komponenten in Deckschichten von Rotlehmen des Adamaua-Hochlandes nachweisen und FAUST (1991:58) vermutet, daß sich auch im togolesischen Raum äolische Beimengungen in den Deckschichten nachweisen lassen müßten.

Um Auskunft über den Einfluß der äolischen Sedimentation auf die Böden in der Region von Gobnangou zu erhalten, wurden aus kleinen abflußlosen Mulden in dem Sandsteinmassiv Sedimentproben genommen. Hierzu wurden Mulden auf hochgelegenen Sandsteinfelsen ausgewählt, bei denen ein seitlicher Wasserzufluß ausgeschlossen werden konnte, so daß als Materiallieferant neben in situ verwitterndem Sandstein nur äolischer Eintrag möglich war. Es war zu erwarten, daß das sandsteinbürtige Material anhand der Korngrößenverteilung durch deutliche Maxima im gU-, fS- und mS-Bereich leicht zu identifizieren sei (vgl. auch AFFATON 1975).

Um den Einfluß lokaler Besonderheiten gering zu halten, wurden die Proben an weit auseinanderliegenden Standorten entnommen. Der Abstand vom nördlichsten Standort (nahe Kodjari) zum südlichsten (bei Martambiima im Massiv von Madjoari) beträgt etwa 90 km. Im Vergleich zu den Bodenprofilen zeigt sich bei den Sedimentproben eine deutliche Verschiebung im Korngrößenspektrum (Abb. 31). Während die Sandgehalte in den Bodenprofilen auch in den tonreichsten Bt-Horizonten nicht unter 40 % fallen (meist liegen sie zwischen 50 und 70 %), erreicht der Sandgehalt nur in einer Sedimentprobe 31 %. Dafür liegen die Schluffgehalte in zwei der drei Proben bei 64 % und auch in der dritten Probe nur knapp unter 50 %. Besonders die Mittelschluffanteile fallen auf (zwischen 16 und 24 %), sie übersteigen in keinem der bisher beschriebenen Bodenhorizonte 7 %. Die Tongehalte in den Sedimentproben sind recht variabel (zwischen 8 und 20 %) und heben sich von den Gehalten in Bodenhorizonten kaum ab.

Insgesamt weist die Korngrößenfraktionierung in den Sedimentproben auf einen äolischen Eintrag hin, der sein Maximum im Mittel- und Grobschluffbereich hat. Der Einfluß der äolischen Komponente auf die tiefgründigen Böden ist jedoch nur schwer abzuschätzen, da nicht klar ist, in welchem Umfang eine äolische Sedimentauflage verspült wird und in welchem Ausmaß durch Verwitterung eine Verschiebung in den Kornfraktionen zugunsten kleinerer Korngrößen auftritt. Bemerkenswert bleibt, daß bei den bisher vorgestellten Bodenprofilen aus sandsteinbürtigem Material in den Ap-Horizonten meist erhöhte Gehalte an Fein- und Mittelschluff auftreten. Es ist daher naheliegend, einen Eintrag des Harmattan-Staubes in den Boden anzunehmen. Möglicherweise erfolgt langfristig, nach Verwitterung und Kornzerkleinerung, eine Verlagerung in den Unterboden, so daß sich der Eintrag letztlich in den Tongehalten in den Bt-Horizonten niederschlägt (vgl. Profile C1-2, C2-4 und P2).

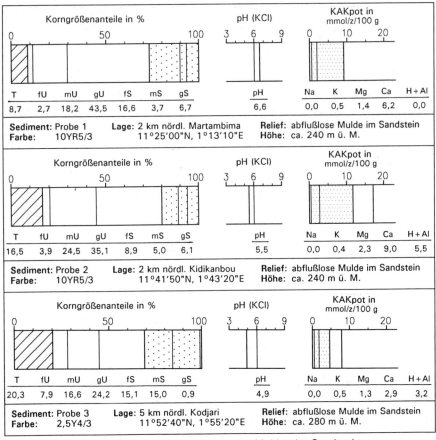

Abb. 31 Laborwerte dreier Sedimentproben aus Mulden im Sandstein

7.3 Böden auf Schiefer

Catena C4 (Abb. 32), in unmittelbarer Nachbarschaft der Ortschaft Kodjari gelegen, zeigt eine typische Abfolge von Böden, die sich auf Schiefer entwickelt haben. Sie liegt östlich der Verwerfung, entlang der die Schieferpartien steil aufgerichtet sind. Profil C4-6 (Abb. 35) zeigt einen geringmächtigen, stark steinigen Boden, der auf dem Unterhang eines Schieferhügels entwickelt ist. Es befindet sich nahe der Phosphatgrube, in der Anfang der 80er Jahre phosphatreiche Schichten der Schieferpakete zur Düngemittelproduktion abgebaut wurden. Entsprechend hoch ist der Phosphatgehalt in dem Boden (11,5 mg P_2O_5/100 g Feinboden bei Profil C4-6). Die Gehalte an aus-

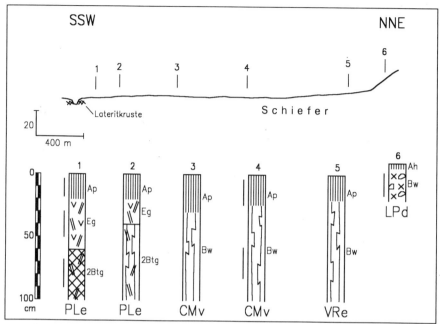

Abb. 32 Catena C4 auf Schiefer

tauschbaren Basen sind zwar höher als bei den Sandböden, reichen aber bei weitem nicht aus, die vorhandenen Tauschplätze zu besetzen. Der pH-Wert ist mit 4,6 relativ niedrig. Wegen der geringen Basensättigung von 36,7 % wird der Boden als dystric Leptosol angesprochen.

Am Fuß des Hügels beginnt das äußerst geringfügig reliefierte Gebiet der Pendjari-Ebene. Auf den Schiefern sind tiefgründige Vertisole entwickelt, die einer intensiven feldbaulichen Nutzung unterliegen. Trotz der Tiefgründigkeit weisen die Böden insofern eine geringe Verwitterungsintensität auf, als sie nur vergleichsweise geringe Tongehalte (knapp über 40 % in Profil C4-4, Abb. 34) und einen beachtlichen Skelettanteil wenig verwitterten Schiefers haben. Hinsichtlich der Nutzung ist dies sicherlich von Vorteil, da eine leichtere Bodenart sowohl eine bessere Drainage als auch eine bessere Bearbeitbarkeit zur Folge hat (vgl. SEMMEL 1986b:106). Die vertischen Eigenschaften sind jedoch deutlich ausgeprägt. In der Trockenzeit bilden sich an der Oberfläche Polygonnetze mit 2 - 3 cm breiten Trockenrissen. Im Sinne der französischen Nomenklatur sind es lithomorphe Vertisole, die ihre Genese der Petrographie des Ausgangsgesteins verdanken, wie die zahlreichen Schieferbruchstücke in den Bö-

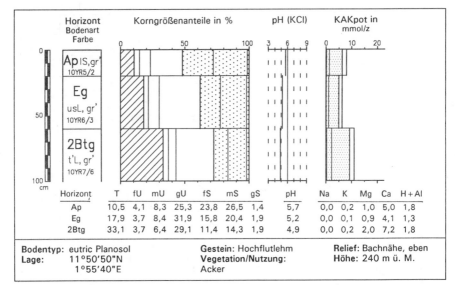

Abb. 33 Profil C4-1 bei Kodjari (eutric Planosol)

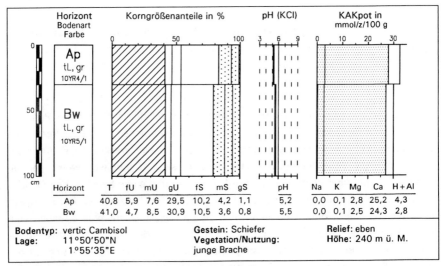

Abb. 34 Profil C4-4 bei Kodjari (vertic Cambisol)

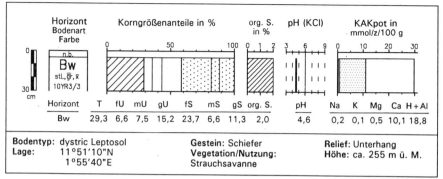

Abb. 35 Profil C4-6 bei Kodjari (dystric Leptosol)

den anzeigen. Nach der FAO-Systematik ist eine Unterscheidung in lithomorphe und topomorphe Vertisols nicht möglich. Statt dessen kann eine Differenzierung zwischen Vertisols und vertic Cambisols für die leichter texturierten Böden vorgenommen werden (Profil C4-4). Bei diesem Profil ist die Basensättigung in beiden Horizonten (86,9 und 90,8 %) bei nahezu gleicher Austauschkapazität wesentlich höher als bei dem vorgenannten Leptosol in Hanglage. Dies weist auf eine Nährstoffdynamik hin, die von dem Wasserabfluß der Schieferhügel profitiert.

Mit zunehmender Nähe zum Bach werden die Böden in dem kaum merklich abfallenden Gelände von immer mächtiger werdenden Sedimentpaketen überlagert, die sich in Textur und Farbe von dem unterlagernden Vertisol-Material unterscheiden. Profil C4-1 (Abb. 33) stellt einen solchen geschichteten Boden dar. Besonders die hohen Gehalte an Mittelsand weisen darauf hin, daß hier auch sandsteinbürtiges Material abgelagert wurde. Die Grusgehalte werden von Pisolithen bedingt, die von der Lateritkruste stammen können, welche von dem Bachlauf angeschnitten ist. Die Austauschkapazitäten in dem Profil entsprechen denen der etwas besseren Böden aus Sand. Die Basensättigung liegt in allen Horizonten bei 80 %, der Boden wird daher als eutric Planosol bezeichnet.

7.4 Die Böden der Lateritebenen

In den ausgedehnten, wenig reliefierten Gebieten der Rumpfflächen haben sich die Böden in allochthonen Deckschichten entwickelt, die den älteren, ferralitischen Schichten aufliegen (vgl. SEMMEL 1986b:92ff.). Meist sind es harte Lateritkrusten, wesentlich seltener liegt der Decklehm tonigen Plinthit-Horizonten auf. Schon aufgrund seiner Braunfärbung, die Hue-Werte liegen zwischen 10YR und 2,5Y, hebt sich der Decklehm deutlich vom mehr oder weniger kräftig rot gefärbten bzw. stark gefleckten Untergrund ab. Seine Mächtigkeit ist recht unterschiedlich. Im Bereich der Wasserscheiden ist sie am geringsten. Zu den Gerinnebetten hin nimmt sie zu und kann in deren Nähe auch Mächtigkeiten von einem Meter und mehr erreichen. Mit zunehmender Substrattiefe geht in der Regel eine Profildifferenzierung einher, die vor allem durch höhere Tongehalte im unteren Teil bedingt wird. Während die Böden auf den meist gut drainierenden Lateritkrusten eher trockene Standorte darstellen, sind die von Plinthit unterlagerten Flächen von Staunässe gekennzeichnet.

In den folgenden Catenen und Profilen sollen vor allem Verbreitung und Eigenschaften der Böden in Abhängigkeit von den, wenn auch geringen, Reliefunterschieden und dem unterlagernden Substrat dargestellt werden. Detailliertere Beschreibungen der unterschiedlichen Standorte und ihre Nutzungsmöglichkeiten erfolgen im folgenden Kapitel, da auch die Gulmancé anhand von Vegetation, Bodentextur und des Wasserhaushaltes eine sehr differenzierte Standorteinschätzung zur Anwendung bringen. Auf den Einfluß von Decklehmmächtigkeit und Wasserhaushalt über Lateritkrusten hinsichtlich Vegetationsverteilung und Nutzungsmöglichkeiten weist schon SEMMEL (1986b:95f.) hin.

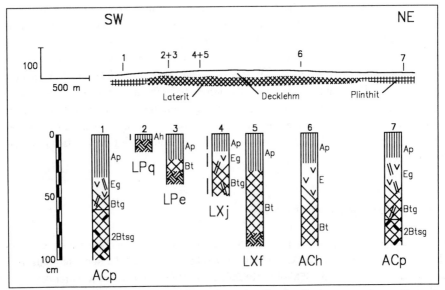

Abb. 36 Catena C5 der Lateritebene entlang des Sandsteinzuges

Catena C5 (Abb. 36, 37 und 38) verläuft von Tansarga nach Kaabougou entlang der Piste unmittelbar am Rand des Sandsteinzuges. Die Lateritebene reicht hier in einer Höhe von knapp 280 m bis an den Sandstein. Die Decklehmmächtigkeit schwankt kleinräumig innerhalb eines Meters, ohne daß jedoch Reliefierungen an der Geländeoberfläche zu erkennen wären. Beispielsweise liegen die Profile C5-2 und C5-3 nur wenige Meter voneinander entfernt. Örtlich setzt die Lateritkruste aus und statt dessen ist Plinthit ausgebildet, der auch im Oberboden Staunässemerkmale verursacht (Profile C5-1 und C5-7). Felder werden nur auf den tiefgründigeren Böden angelegt, die sehr flachgründigen Standorte tragen reine Grasfluren. Auf dem Standort von Profil C5-2 fehlt jegliche Vegetation.

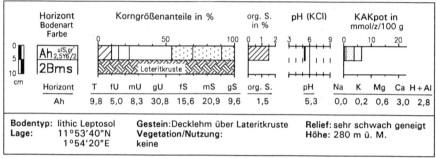

Abb. 37 Profil C5-2 nordöstlich von Tansarga (lithic Leptosol)

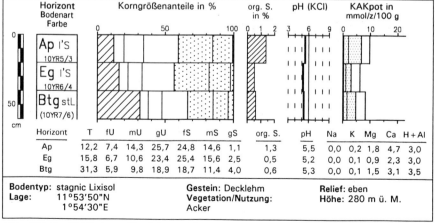

Abb. 38 Profil C5-4 nordöstlich von Tansarga (stagnic Lixisol)

Südlich von Diapaga liegt ein Laterittafelberg, der sich mit 318 m ü. M. knapp 40 m über die Ebene erhebt (Catena C6, Abb. 39). Die abschließende Lateritkruste ist auf saprolithisiertem Kristallin ausgebildet, wie eine Bohrung in dem Hangbereich zeigt (Profil C6-6). Auf dem Oberhang liegen große Blöcke, die von der Laterittafel abgebrochen sind und so deren Abtragung belegen. Zum Unterhang hin gehen die Blöcke in eine Pisolithschleppe über, die sich bis weit in die Ebene zieht. Dort sind die Pisolithe mehr und mehr in den Decklehm eingearbeitet. Mit zunehmender Entfernung von dem Tafelberg nimmt dann auch der Pisolithanteil in den Oberböden ab. Während anfangs regelrechte Pisolithschutt-Horizonte ausgebildet sind, bei denen die Pisolithe in einer stellenweise sehr tonigen Matrix liegen (Profil C6-3, Abb. 41), sind es in größerer Entfernung wesentlich geringere Anteile. Die Ebene selbst wird ebenfalls von einer Lateritkruste unterlagert. Die Decklehmmächtigkeit beträgt hier in der Regel weniger als 60 cm (vgl. Catena C7). Das Vegetationsbild ist vielschichtig. Weite Grasfluren (meist auf den geringmächtigeren Bodendecken) kontrastieren mit Flächen relativ dichten Baumbesatzes. Bewirtschaftete Felder oder jüngere Brachen sind nur gelegentlich anzutreffen.

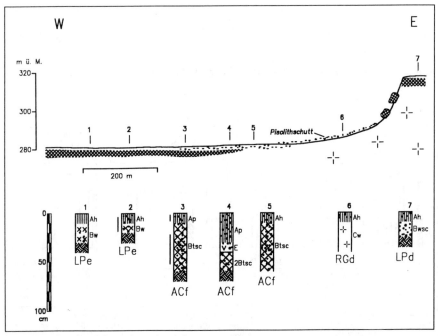

Abb. 39 Catena C6 mit Laterittafelberg

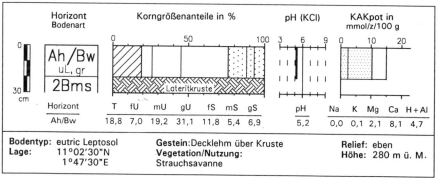

Abb. 40 Profil C6-2 3 km südlich von Diapaga (eutric Leptosol)

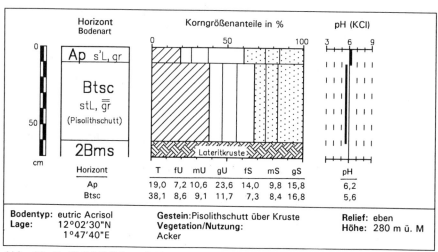

Abb. 41 Profil C6-3 3 km südlich von Diapaga (eutric Acrisol)

Catena C7 (Abb. 42) ist die Fortsetzung von Catena C6 in SSE-Richtung. Sie verläuft entlang der Piste von Diapaga nach Tansarga auf der Rumpffläche. Kilometerweit steht hier die Lateritkruste oberflächennah an. Nur entlang des Konpongu, der dem Tapoa zufließt, sind tiefgründige Böden entwickelt (Profil C7-5, Abb. 43). Diese Böden werden intensiv genutzt (s. Kartenbeilage). Die Anlage von Feldern im Bereich der Wasserscheiden ist auf isolierte Vorkommen geringfügig mächtigerer Deckschichten beschränkt. Profil C7-3 zeigt einen solchen Standort. Die Gulmancé nennen den Boden Lubigu, unter dieser Bezeichnung erfolgt die Profilbeschreibung (Abb. 58).

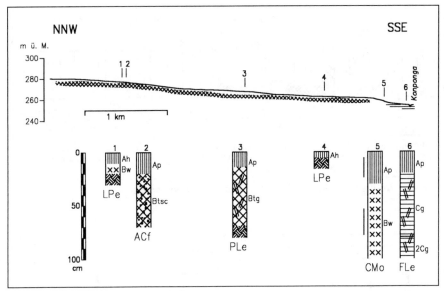

Abb. 42 Catena C7 einer Lateritebene

Die Vegetationsverteilung folgt jedoch nicht immer der Regel "geringmächtige Bodendecke - Grasflur, mächtigere Böden - Gehölzgesellschaft". Beispielsweise ist über Profil C7-4 mit nur 5 cm mächtiger Decklehmauflage eine relativ dichte Gehölzformation, in der einige Bäume 5 - 6 m Höhe erreichen, entwickelt. Dies kann nur durch die Klüftigkeit der Lateritkruste erklärt werden, die es den Bäumen ermöglicht, tiefere Horizonte zu durchwurzeln. Potentielle Feldbaustandorte sind solche Flächen nicht. Und es ist daher auch nicht immer möglich, von dem Auftreten vitaler Bäume auf tiefgründiges Solummaterial zu schließen.

Gemeinsames Merkmal der Böden auf den Lateritkrusten sind die - wenn auch unterschiedlich hohen - Gehalte an Pisolithen. Steine und Gesteinsgrus treten, abgesehen von gelegentlichen Quarzgängen, die die Lateritkrusten durchstoßen, nicht auf. Die in den Profilbeschreibungen angegebenen Gehalte beruhen daher nahezu ausschließlich auf dem Anteil an Pisolithen. Diese können, gerade bei sehr toniger Matrix, zur Auflockerung und Texturverbesserung beitragen (vgl. Abschnitt 9.3, tintancaga). Böden in mächtigen, deutlich abgegrenzten Pisolithschuttlagen werden als Regosols ausgegrenzt, da die Schichten als Ausgangsmaterial der Bodenbildung anzusehen sind. Böden, deren Lockermaterialdecke 30 cm Stärke nicht überschreitet, werden als Lepto-

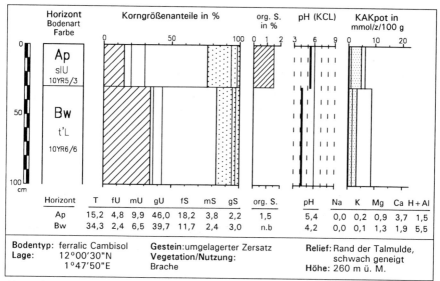

Abb. 43 Profil C7-5 7 km südlich von Diapaga (ferralic Cambisol)

sols angesprochen. Bei tiefgründigeren Böden tritt in der Regel eine Profildifferenzierung auf. Meist liegt dann der homogenisierte Ap-Horizont einem deutlich tonreicheren Bt-Horizont auf. Aus diesem Grund werden die Böden daher als Lixisols bzw. Acrisols bezeichnet und bei dem gehäuften Auftreten von Pisolithen mit dem Zusatz "ferric" versehen. Der Bodentyp des Cambisols wird daher im Bereich der Lateritkrusten nur selten ausgewiesen. Bei höheren Tongehalten im Unterboden neigen die Böden zur Staunässebildung. Sie werden daher als Planosols erfaßt. Hinsichtlich der Basenversorgung sind die Böden der Lateritebenen mit denen des Sandsteinvorlandes vergleichbar. Grundsätzlich geringe Austauschkapazitäten weisen auf das Vorherrschen austauschschwacher Zweischicht-Tonminerale hin. Die Basensättigung kann stark schwanken.

Die tiefgründigsten Böden finden sich entlang der Gerinne. Sie stellen die bevorzugten Anbaustandorte dar, worauf auch BOULET & LEPRUN (1969) hinweisen. Profil C7-1 wurde am Rand einer solchen Talung aufgenommen. Trotz des relativ hohen Tongehalts im Unterboden ist die Austauschkapazität gering und die Basensättigung beträgt nur 38,5 %. Als Ausgangsmaterial der Bodenbildung liegt vermutlich umgelagertes Saprolithmaterial vor.

7.5 Böden auf Kristallin

Kristalline Gesteine stehen nur im westlichen Teil des nördlichen Vorlandes des Sandsteinmassivs an. Es ist der Bereich zwischen dem Sandsteinzug und der Stufenrandlinie, in dem die (sub)rezenten Abtragungsvorgänge Lateritkrusten und Saprolithzonen weitgehend ausgeräumt haben. In diesem Gebiet aktiver fluviatiler Morphodynamik ist das Relief wesentlich unruhiger. Unterschiede in der morphologischen Härte der verschiedenen Gesteine kommen in den Oberflächenformen zum Ausdruck.

Dies zeigt sich bei Catena C8 (Abb. 44), die bei Pentenga, etwa 1 km von der Stufenrandlinie entfernt, verläuft. Das Gelände ist ausgesprochen hügelig. Die Hügel werden teils von krustentragenden Resten der Rumpfflächen gebildet, teils von weniger verwitterten Gesteinspartien, die die typischen Merkmale der Wollsackverwitterung zeigen. An den steilen Oberhängen der Hügel findet kein Ackerbau statt. Die Anlage von Feldern beschränkt sich auf die flacheren Unterhangbereiche. Der oberflächennahe

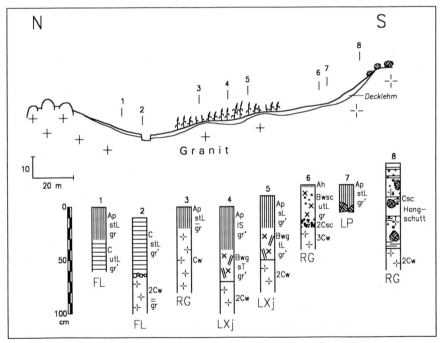

Abb. 44 Catena C8 auf Granit im Vorfeld der Lateritstufe

Untergrund wird von einer Decklehmschicht gebildet, die meist vergrustem Granit aufliegt. Der höhere Tongehalt in dem Decklehm zeigt an, daß hangaufwärts anstehendes, stärker zersetztes Material abgespült worden ist. Am Unterhang wird die Geländeoberfläche von Gesteinspartien unterschiedlicher Verwitterungsresistenz geprägt. Quarzgänge sind als flache Rücken herauspräpariert, auf denen die Decklehmmächtigkeit wesentlich geringer ist als in den benachbarten Mulden. Die Wuchsleistung der Hirse zeichnet die Untergrundverhältnisse nach. Auf den flachgründigen Standorten in Rückenposition (Profile C8-4 und C8-6) gedeiht sie wesentlich schlechter als in den Mulden (Profil C8-5). Am Rand des Gerinnebettes werden keine sehr großen Sedimentmächtigkeiten erreicht. In Aufschluß 8.2 liegen nur 50 cm Hochflutlehm, durch eine Steinlage getrennt, dem vergrusten Granit auf.

Mit zunehmender Entfernung von dem Abtragungsrand der Lateritebene werden die Oberflächenformen ruhiger. Zahlreiche Bachläufe und Bas-fonds belegen jedoch auch in größerer Entfernung noch die Abtragungs- und Einschneidungsvorgänge. Dies wird vor allem in dem Gebiet zwischen Yobri und Tambaga deutlich. Eine typische Abfolge von Böden dieser Region zeigt Catena C9 (Abb. 45) am nördlichen Rand von Tambaga. Unweit eines Baches liegt ein Bas-fond, das intensiver Nutzung unterliegt. Den Untergrund bilden sedimentierte Tone, in denen sich ein - topomorpher - Vertisol gebildet hat. Im tiefsten Bereich des Bas-fonds ist eine Grube angelegt, in der während der Trockenzeit Ton zum Töpfern abgebaut wird. Es ist das Material des Bwg-Horizontes, das zum Töpfern Verwendung findet, da im Oberboden zu viele Feinwurzeln

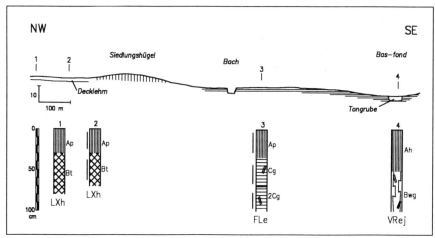

Abb. 45 Catena C9 auf Kristalllin

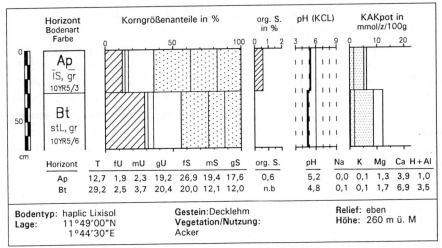

Abb. 46 Profil C9-2 nördlich von Tambaga (haplic Lixisol)

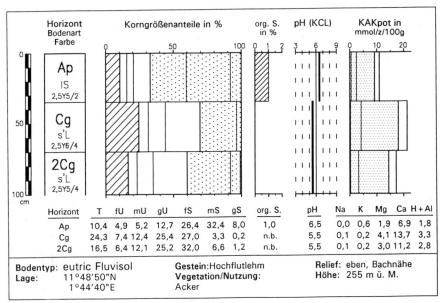

Abb. 47 Profil C9-3 in Tambaga (eutric Fluvisol)

vorhanden sind. Der übrige Bas-fond-Bereich dient während der Regenzeit dem Reis-Anbau. Oberhalb des episodisch überfluteten Gebietes setzt sich dann der Hirseanbau bis zum Rand des Marigots hin fort. Profil C9-3 (Abb. 47) zeigt, daß hier schwach pseudovergleyte Hochflutablagerungen feldbaulich genutzt werden. Das kastenförmige Bachbett ist teilweise bis in den vergrusten Granit eingeschnitten. Dieses Material findet als Magerungsmittel ebenfalls beim Töpfern Verwendung (vgl. GEIS-TRONICH 1991). Während der Trockenzeit wird es in dem Gerinnebett abgebaut. Am westlichen Rand des Baches zeigt die Catena einen flachen Hügel. Solche Zeugen ehemaliger Siedlungsplätze finden sich in der Region relativ häufig. An ihrer Oberfläche liegen meist zahlreiche Tonscherben, und sie sind oftmals Standort eines oder mehrerer Baobabs. In größerer Entfernung von dem Bachlauf hat die Bodenbildung wieder im Decklehm stattgefunden. Dieser war bei den Profilen C9-1 und C9-2 (Abb. 46) recht grusig, da neben den üblichen Pisolithen ein erheblicher Teil Quarzgrus eingearbeitet wurde.

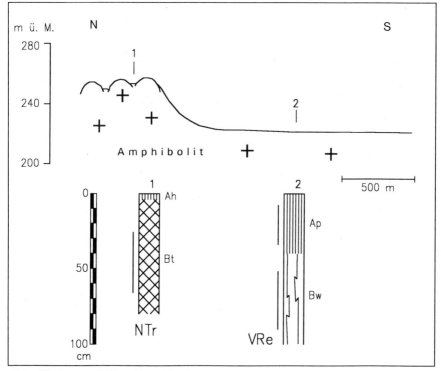

Abb. 48 Catena C10 auf Amphibolit

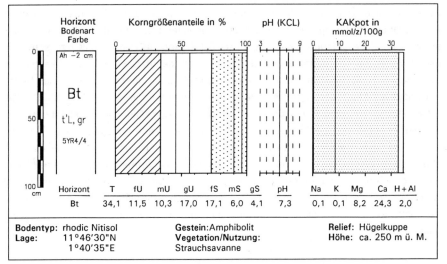

Abb. 49 Profil C10-1 nordwestlich von Yobri (rhodic Nitisol)

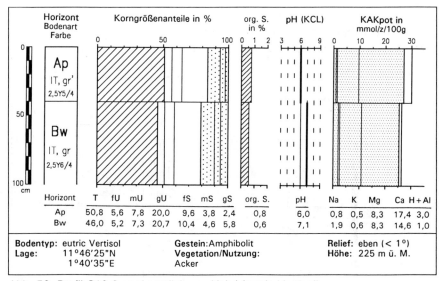

Abb. 50 Profil C10-2 nordwestlich von Yobri (eutric Vertisol)

Drei km nordwestlich von Yobri erhebt sich eine Amphibolit-Kuppe etwa 30-40 m über die Landschaft (Catena C10, Abb. 48). Eine Bohrung auf der Kuppe zwischen den Felsen erbrachte ein erstaunlich tiefgründiges Bodenprofil. Unter einem nur 2 cm mächtigen Ah-Horizont folgt ein toniger, homogen rot gefärbter (5YR4/4) Horizont. Die Laboruntersuchungen ergaben eine Austauschkapazität von 34,7 mmol/z/100 g mit einer Basensättigung von 94,3 %. Der Boden wird daher als rhodic Nitisol angesprochen (Profil C10-1, Abb. 49). Er unterscheidet sich deutlich von dem Profil, das am Fuß des Hügels aufgenommen wurde. Hier hat sich ein Vertisol (Profil C10-2, Abb.50) auf dem basischen Gestein entwickelt. Die dargestellte Bodenabfolge entspricht weitgehend der von SEMMEL (1983:94ff.) beschriebenen Rotlehm-Regur-Catena. In Hanglage ist ein kräftig gefärbter Rotlehm entwickelt, der eher der Abspülung als der Basenverarmung unterliegt (ganz im Gegensatz zum dystric Leptosol, der auf dem Schieferhang bei Kodjari entwickelt ist!). Hierauf weisen der sehr geringmächtige Ah-Horizont sowie die hohe Basensättigung hin. Auch Bodenart und Grusgehalt deuten darauf hin, daß es sich bei dem Bodenprofil vermutlich um den freigelegten, weniger verwitterten Unterboden eines einst mächtigeren Rotlehmprofils handelt.

Die Profilfolge ist an das Auftreten von Hügeln aus basischem Kristallingestein gebunden, die auch am Fuß nicht von einer lateritischen Verwitterungsdecke bedeckt sind. Im Vorfeld der Lateritstufe haben die (lithomorphen) Vertisole eine beachtliche Verbreitung. In dem Gebiet zwischen Yobri, Tambaga und Namounou unterliegen sie intensiver Nutzung. Die Rotlehme hingegen treten nicht in Reliefpositionen auf, die für den Feldbau relevant sind. Für die Gulmancé hat der Boden nur als farbgebendes Material Bedeutung (s. Abschnitt 9.5, muanli).

Insgesamt ist die Verbreitung von Böden, deren Genese an nicht lateritisch vorverwittertes Ausgangsgestein gebunden ist, als gering anzusehen. In dem untersuchten Gebiet beschränkt sie sich auf einen wenige Kilometer breiten Streifen im Vorfeld der Lateritkrustenstufe, entlang derer die altquartären Lateritebenen der Abtragung unterliegen. Auffälligerweise wurden hier von BOULET & LEPRUN (1969) ausschließlich Bodengesellschaften kartiert, die an basische Kristallingesteine gebunden sind (eutrophe Braunerden und Vertisole). Charakteristisch für das Gebiet sind die zahlreichen Bäche und Bas-fonds, durch die das Stufenrandgebiet entwässert wird. Entlang der Gerinne ist das oberhalb erodierte Material sedimentiert worden.

7.6 Die Böden der Überschwemmungsgebiete

Aus den bisher vorgestellten Catenen ergibt sich, daß den Böden aus Hochflutablagerungen entlang der Gerinne und in den Bas-fonds eine besondere Bedeutung zukommt. Selbst in Gebieten mit oberflächennahen Lateritkrusten sind hier tiefgründige Böden anzutreffen, die gesuchte Feldbaustandorte darstellen. Substrat und chemische Eigenschaften der Böden sind Ausdruck der Einzugsgebiete der jeweiligen Gerinne und ihrer Wasserdynamik. Im Bereich der Lateritebene wurden Sedimente mit Tonen geringer Austauschkapazität abgelagert, die bei Profil C7-5 eine niedrige Basensättigung aufweisen. Unterhalb der Lateritstufe wird entlang der Gerinne Abtragungsmaterial der Kristallingesteine sedimentiert. Das Bodenprofil C9-3 bei Tambaga hat bei vergleichsweise geringen Tongehalten in allen Horizonten eine relativ große Austauschkapazität mit hoher Basensättigung. Im nahen Bas-fond hat sich in den feinkörnigen Sedimenten ein Vertisol entwickelt. Vergleichsweise gering sind die Unterschiede zwischen den Böden entlang der Tiefenlinien zu den benachbarten Böden im Bereich des Sandsteinzuges. Bei etwas höheren Gehalten an organischer Substanz sind die hydromorph geprägten Böden saurer und basenärmer als die der angrenzenden Flächen.

In der Pendjari-Ebene bilden Hochflutablagerungen über weite Flächen das Ausgangsmaterial der Bodenbildung. Auf topographischen Karten (s. Kartenbeilage) sind große Gebiete entlang des Flusses als von saisonalen Überflutungen betroffen ausgewiesen. Gleiches gilt für die Zuflüsse Arli und Doubodo. Von BOULET & LEPRUN (1969) wurden in diesen Gebieten vertisolartige hydromorphe Böden und hydromorphe Vertisols kartiert. Ein typisches Bodenprofil wurde in etwa 100 m Entfernung vom Pendjari, einige km oberhalb der Einmündung des Arli aufgenommen. Die Proben aus 50 und 80 cm Tiefe sind sehr tonig (33,1 und 58,2 % Ton) und sauer: pH 3,8 und 3,7. Die Basensättigung liegt bei 24 bzw. 33 %. Bei einem weiteren Bodenprofil, das in einer flachen Senke zwischen Sandsteinzug und Pendjari liegt (Profil P2, Abb. 51), wurden die höchsten Tongehalte gemessen. Das geschichtete Profil ist in den tieferen Horizonten kräftig marmoriert. pH-Werte und Basensättigung (zwischen 12 und 18 %) sind wiederum sehr niedrig. Diese Ergebnisse zeigen die Ablagerung von saurem, nährstoffarmem Material an. Das muß jedoch nicht immer der Fall sein. Die Probe eines Hochflutlehms, die zwischen Mt. Pagou und dem Sandsteinzug, dort wo der Doubodo in den Arli mündet, genommen wurde, zeigt ganz andere Werte. Das ebenfalls tonige Material (47,6 % Ton, 34,8 % Schluff) hat eine 98%ige Basensättigung (KAKpot: 27,9 mmol/z/100 g) und ist mit einem pH-Wert von 7,3 ausgesprochen basisch. Offensichtlich wurde hier, ähnlich wie in Tambaga, nährstoffreiches Material aus dem Vorland der Abtragungsstufe abgelagert. Der Pendjari hingegen kommt aus dem Atakora-Gebirge, das überwiegend aus Quarziten aufgebaut ist.

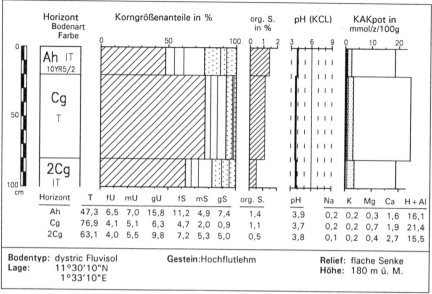

Abb. 51 Profil P2 Park Arli (dystric Fluvisol)

An dieser Stelle sei noch auf die Bodenprofile P12 und P13 (Abb. 64 und 65) verwiesen, die in Abschnitt 9.5 unter den Stichworten lianli und kpamkpagu beschrieben werden. Die Profile, die in Madaaga und Yobri jeweils am Rand von Bas-fonds aufgenommen wurden, zeichnen sich durch sehr hohe Na-Gehalte aus. Beide Standorte gelten bei den Gulmancé als nicht bebaubar. Die Erklärung für die ungewöhnlich hohen Salzgehalte können nur in dem geologischen Untergrund liegen, da die Oberflächenwässer in den Bas-fonds weitgehend Na-frei sind, und es sich bei den Standorten um singuläre Erscheinungen handelt, die keineswegs jeweils den ganzen Rand des Basfonds betreffen, zumal in den Bas-fonds Reis angebaut wird. Beide Standorte liegen nahe einer vermuteten tektonischen Zerrüttungszone, die in NW-SE-Richtung verläuft und auf Karte und Luftbildern durch die Entwässerungsrichtung der Gerinne und im Bereich des Sandsteinmassivs durch tief eingeschnittene Tälchen angezeigt werden, die vermutlich Klüften folgen. In Verlängerung dieser Linie nach NW haben BOULET & LEPRUN (1969) in etwa 50 km Entfernung großflächig solonetzartige Böden kartiert, die auf basischem Kristallin entstanden sind (vgl. Kartiereinheit 9 in Abb. 20). Die hohen Na-Gehalte an den Standorten können daher durch Na-haltige Wässer erklärt werden, die in Klüften aus dem kristallinen Sockel aufsteigen. Dort ist die Durchfeuchtung während der Regenzeit nicht ausreichend, um die Kationen in Lösung abzuführen. Auf dem letzgenannten Standort erfolgte die Beprobung im September, also gegen Ende der Regenzeit. Dennoch war der Boden im unteren Teil völlig trocken und so hart, daß der Bohrstock nicht weiter als 60 cm hineingetrieben werden konnte.

Die beschriebenen Böden der tiefgelegenen Standorte in der Region sind sicher nicht geeignet, ein homogenes Bild der Sedimentation und Bodenentwicklung zu zeichnen. Als gemeinsames Merkmal der Böden in den weitläufigen Niederungen entlang der Flüsse bleiben vor allem die hohen Tongehalte, die oft zwischen 40 und 60 % liegen. Azidität und Basengehalt variieren in Abhängigkeit von der Herkunft der sedimentierenden Wässer sehr stark. Für eine landwirtschaftliche Nutzung erscheinen viele Standorte jedoch nicht nur wegen der hohen Tongehalte wenig geeignet. Auch die episodischen Überflutungen können in der Region beachtliche Ausmaße erreichen. Im Dezember 1988 fanden sich in den Bäumen am Pendjari bis in 1,20 m Hochflutmarken.

7.7 Zusammenfassung

Die Böden in dem untersuchten Raum zeigen an, daß es sich um ein Gebiet langwährender feldbaulicher Nutzung handelt. Ungeachtet der aktuellen Feldnutzung haben die Böden in der Regel, sofern die Substrattiefe 30 - 40 cm übersteigt, und die Standorte nicht allzu ungünstig sind (steile Hanglagen, extreme periodische Überflutung), einen homogenisierten Ap-Horizont, der die jahrzehntelange Hacktätigkeit belegt. Im allgemeinen ist dieser Ap-Horizont 20 - 30 cm mächtig, gelegentlich können jedoch bis zu 40 cm mächtige Ap-Horizonte auftreten. Solche Beträge sind erklärlich, weil die Gulmancé beim Anlegen von Feldern gelegentlich kleine Hügel oder Wälle zusammenhacken, auf oder zwischen denen gesät wird. Auffällig ist der abrupte Wechsel in der Bodenart beim Übergang vom Ap- zum unterlagernden Horizont (z. B. Profile C6-3 und C9-2 in Abb. 41 und 46), der besonders im Bereich der Lateritebenen häufig zu beobachten ist. Möglicherweise ist dies das Ergebnis der jahrzehnte-, wenn nicht jahrhundertelangen Feldnutzung in der Region. Denn bei jedem Wenden des Bodens mit der Hacke gelangen neue Tonanteile an die Oberfläche, die in der Regenzeit bei den anfallenden Starkregen leicht der Abspülung unterliegen.

Hinsichtlich der Nährstoffverhältnisse und des Profilaufbaus lassen sich die Böden auf Sandstein mit denen auf Lateritkrusten zusammenfassen. Dieser Gruppe von - zumindest im Oberboden - leicht texturierten und basenarmen Böden stehen die tonigeren und nährstoffreicheren Böden gegenüber, die auf basischen Kristallingesteinen und Schiefer entwickelt sind. Im Gegensatz zu den Böden der erstgenannten Gruppe, die eine große Verbreitung haben, beschränkt sich ihre Verbreitung auf das Vorfeld der Lateritkrustenstufe, wo die genannten Gesteine von ihrer alten Verwitterungsdecke befreit wurden. Als dritte Gruppe lassen sich die Böden in Hochflutablagerungen der weiten Überschwemmungsgebiete ausgliedern, die ebenfalls durch hohe Tongehalte gekennzeichnet sind, hinsichtlich der chemischen Kennwerte jedoch extreme Unterschiede aufweisen können.

Die Böden auf Sandstein und Laterit haben in der Regel eine mit zunehmender Gründigkeit ausgeprägtere Profildifferenzierung, die vor allem durch eine Tonzunahme zum Unterboden hin gekennzeichnet ist. Die Austauschkapazität liegt dabei in allen Horizonten unter 10 mmol/z/100 g Feinboden, wobei 1 - 2 % organische Substanz im Ap-Horizont und die erhöhten Tongehalte im Bt-Horizont eine merkliche Anhebung der Austauschkapazität bewirken. Die Basensättigung kann hierbei recht stark schwanken. Während sie in den Ap-Horizonten meist über 50 % liegt, scheinen sich in den Bt-Horizonten geringfügige Standortsunterschiede oder Tongehaltsunterschiede auszuwirken. In einigen Profilen liegt die Basensättigung im Bt-Horizont deutlich über, in anderen Profilen deutlich unter 50 %. Bei den pH-Werten der Profile sind ebenfalls generelle Charakteristika festzustellen. In den Ap-Horizonten sind vergleichsweise hohe pH-Werte zwischen 5 und 6,5 die Regel. Mit der Tiefe nehmen die Werte ab, wobei häufig Werte von nur knapp über 4 erreicht werden. Die deutlich höheren pH-Werte der Ap-Horizonte sowie die etwas bessere Basensättigung lassen sich durch einen auf den Oberboden beschränkten Nährstoffumsatz interpretieren, der von der Dynamik des Unterbodens weitgehend abgekoppelt ist. Schnelle Mineralisierung der organischen Substanz durch biotische Aktivität unter den gegebenen Klimabedingungen könnte dies ermöglichen.

Eine Differenzierung der Böden auf Sandstein wird durch den Wasserhaushalt ermöglicht. Vergleichsweise höhere Tongehalte in den Bt-Horizonten und geeignete Reliefposition führen dann zur Ausprägung hydromorpher Merkmale. Besser drainierende Böden hingegen weisen oft eine kräftige Rotfärbung (z. B. 2,5YR4/6) im Unterboden auf. Ursache der Rotfärbung dürften die Ton-Eisen-Kutane der bei der Sandsteinverwitterung freigesetzten Quarzkörner sein (vgl. Abb. 16). Leicht erhöhte Gehalte an Fein- und Mittelschluff in den Ap-Horizonten legen einen Sediment-Eintrag durch den Harmattan nahe.

Die Böden auf den Lateritkrusten haben sich in allochthonen Deckschichten entwickelt, deren Herkunft nicht eindeutig geklärt ist. Das Material, das sich grundsätzlich in Farbe und Textur von der unterlagernden Kruste unterscheidet, wird generell als Decklehm bezeichnet. Neben den bereits erwähnten Tongehaltsunterschieden sind es hier die Gehalte an Pisolithschutt, Mächtigkeit des Lockermaterials sowie die Drainage des Untergrundes, die die Unterscheidung von Bodentypen und Anbaumöglichkeiten gestatten. Wenngleich die Decklehmmächtigkeit kleinräumig sehr stark schwanken kann, so ist doch generell eine Zunahme der Mächtigkeit vom Wasserscheidenbereich zu den Gerinnebetten hin festzustellen. Entsprechend finden sich die bevorzugten Ackerstandorte entlang der Gerinne. Während Lateritkrusten im Untergrund meist recht gut drainieren, sind die lokal auftretenden Plinthitschichten Staunässebildner.

In ebener Reliefposition sind auf basenreichen Ausgangsgesteinen (Schiefer, Amphibolit) vor allem Vertisols bzw. vertic Cambisols entwickelt. Sie sind gekennzeichnet durch mäßig hohe Tongehalte (30 - 50 %) und teils beachtlichen Gehalten in den Sand- und Grusfraktionen. Die Austauschkapazität beträgt oft um 30 mmol/z/100 g Feinboden bei stets hoher Basensättigung. Es sind lithomorphe Vertisols, die sich von den topomorphen Vertisols der Beckenlagen vor allem durch die gröbere Textur und die geringere Hydromorphie unterscheiden. Es sind also Eigenschaften, die den Feldbau begünstigen. An den Hängen und auf den Kuppen der Amphibolit-Hügel sind kräftig gefärbte Rotlehme (Nitisols) ausgebildet. Diese Böden treten ausschließlich in Hanglage auf und haben daher für den Anbau keine Bedeutung.

Kennzeichen der Böden der Überschwemmungsgebiete sind neben der starken hydromorphen Ausprägung recht hohe Tongehalte (oft 40 - 60 % Ton). pH-Wert, Austauschkapazität und vor allem die Basensättigung können stark schwanken. In einigen Profilen liegen die pH-Werte in allen Horizonten unter 4, wobei die Basensättigung jeweils etwa 20 % beträgt. Andernorts weisen die Hochflutablagerungen ausgesprochen neutrale pH-Werte auf und eine nahezu hundertprozentige Basensättigung. Offensichtlich üben also die Herkunftsgebiete der sedimentierenden Wässer gerade auf den Chemismus der Ablagerungen einen sehr großen Einfluß aus.

Insgesamt läßt sich festhalten, daß es in dem untersuchten Raum ein breites Spektrum von Böden gibt, wobei Unterschiede im Ausgangsmaterial der Bodenbildung, der Reliefposition und dem Wasserhaushalt gleichermaßen zur Differenzierung beitragen. Die gegenwärtigen Klimabedingungen - und hier ist wohl besonders der Wechsel von Trocken- und Regenzeit wirksam - scheinen eine hohe Mineralstoffmobilität in Böden und Sedimenten zu bewirken. Eine generelle Tendenz zur Verarmung oder Anreicherung von Nährstoffen in den Böden kann jedoch nicht festgestellt werden.

8 Zur Landnutzung der Gulmancé

Zur Untersuchung der Nutzung eines vorhandenen Naturraumpotentials durch die Bevölkerung in einer Landschaft gehören, neben der Erfassung des "Landschaftsinventars" auch einige Grundkenntnisse der Lebens- und Wirtschaftsweisen der Bevölkerung, die ja ebenso Grundlage für die Nutzungsmuster sind, wie der Naturraum selbst (vgl. HABERLAND 1986). Aus diesem Grund beginnt die Darstellung der Landnutzung der Gulmancé mit einem Abriß über die kulturellen Eigenheiten dieser Ethnie. Dazu gehören die Anbaumethoden, wie auch Nahrungsgewohnheiten und der agrarische Kalender. Ausführlich erfolgt dann die Schilderung der Standorteinschätzungen der Gulmancé, da diese meines Erachtens am besten ihr Naturraumverständnis und die relevanten Nutzungskriterien zum Ausdruck bringen. Damit die Standortbezeichnungen der Gulmancé nicht als gänzlich unverständliche Namenswörter dastehen, und auch eine Parallelisierung mit vergleichbaren Begriffen anderer Dialektgebiete und Transkriptionen möglich ist (z. B. REMY 1967; SWANSON 1979b; GEIS-TRONICH 1991), wird vorab ein kurzer Einblick in die Grundstruktur dieser Nominalklassensprache gegeben (die sicherlich linguistischen Anforderungen nicht genügen kann). Bei den Geländearbeiten und Befragungen der Bauern zeigte sich, daß sie eine umfassende Kenntnis der Standortunterschiede in dieser Region haben. Und so können sie auch bei jedem Standort die Vor- und Nachteile hinsichtlich des Anbaus der verschiedenen Kulturarten in wenigen Worten ausdrücken. Vergleichbare Untersuchungen zur Bodennutzung verschiedener Ethnien in Westafrika wurden von BDLIYA (1987), FAUST (1987), VOLZ (1990) und KRINGS (1991b, 1992) durchgeführt. Sie alle bescheinigen den jeweils untersuchten Völkern umfangreiche Kenntnisse der von ihnen bebauten Böden. So schreibt BDLIYA (1987) beispielsweise, daß indigene Standortbeschreibungen in NE-Nigeria zwar kleinere Flächen betreffen, aber die realen Bodenverhältnisse besser beschreiben als die Units der großräumig angelegten Land-Resource-Studies. Und KRINGS (1991a) weist auf die Vorteile hin, die das Einbinden derartiger Kenntnisse bei Entwicklungshilfeprojekten bedeuten könnte.

8.1 Das Volk der Gulmancé

Einen knappen und informativen Überblick über die Völker Westafrikas, ihre Geschichte, politische und soziale Ordnung sowie ihre Wirtschaftsweisen und kulturellen Eigenheiten gibt DITTMER (1979). Die Gulmancé sind ein Bauernvolk, dessen Siedlungszentrum im Osten von Burkina Faso liegt, wo sich auch der Königssitz Nungu (Fada N'Gourma) befindet. Von hier aus reicht ihr Wohngebiet bis weit in die Nachbarländer Niger, Benin und Togo. Naturräumlich betrachtet erstreckt sich das von ihnen beanspruchte Areal im Norden bis zum Südrand der Sahelzone und im Süden bis in die Feuchtsavanne (Abb. 52). Die Geschichte des Königshauses läßt sich nach OUOBA (1986) bis ins dreizehnte Jahrhundert zurückverfolgen. Der Anteil der Gulmancé an der Gesamtbevölkerung von Burkina Faso wird mit 5 % angegeben (STATISTISCHES BUNDESAMT 1988:25). 1970 waren dies knapp 250 000 Personen, 1985 hingegen etwa 400 000 (vgl. STATISTISCHES BUNDESAMT 1986:21). NABA (1988: 5) gibt die Gesamtzahl der Gulmancé mit 600 000 an. Ihre Lebensgrundlage ist der Feldbau, der in Subsistenzwirtschaft betrieben wird. Entsprechend gering ist ihr Einkommen. Nach SWANSON (1980:91) wurde das durchschnittlich verfügbare Jahreseinkommen Ende der 70er Jahre auf 7 US $ geschätzt. Die eigenständige kulturelle Entwicklung war bereits Gegenstand zahlreicher detaillierter Untersuchungen. Umfangreiche Werke veröffentlichten OUOBA (1986) zur kulturellen Identität, MADIEGA (1982) zur Geschichte, SWANSON (1985) über die Religion und GEIS-TRONICH (1991) zur materiellen Kultur. Von SURUGUE (1979) liegt eine linguistische Arbeit mit Lexikon vor und von NABA (1986) ein Band mit Erzählungen der Gulmancé.

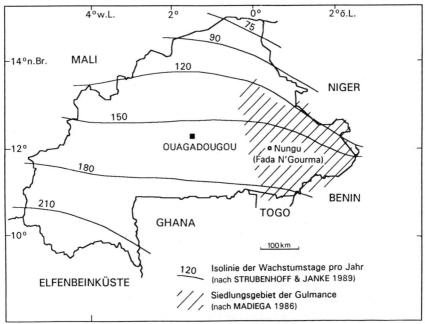

Abb. 52 Siedlungsgebiet der Gulmancé und Isolinien der jährlichen Wachstumstage

Entlang der Falaise de Gobnangou leben die Gulmancé in zahlreichen Dörfern und Weilern, die sich jeweils aus einer recht unterschiedlich großen Anzahl von Gehöften zusammensetzen. Ein Ortskern ist oft nicht zu erkennen, bei manchen Ortschaften liegen die einzelnen Gehöfte 50 - 100 m auseinander. Ein Gehöft besteht aus einem freien Platz, um den sich einige strohgedeckte Lehmhäuser kreisförmig anordnen. Zwischen den einzelnen Häusern sind Zäune aus Strohmatten errichtet, so daß ein geschlossener Innenhof entsteht. Im allgemeinen wird ein Gehöft von einer Familie bewohnt, die im wesentlichen aus einem Mann und seinen Frauen besteht, von denen jeder sein eigenes Haus hat. Die größeren Orte haben einen Marktplatz, auf dem an einem festen Wochentag der Markt abgehalten wird. Markttag ist Festtag. Entlang der Chaîne de Gobnangou sind die Markttage so aufeinander abgestimmt, daß praktisch an jedem Tag in der Woche irgendwo ein Markt abgehalten wird. Überregionale Bedeutung hat der Markt von Namonou, einer größeren Ortschaft, die etwa 10 km von der Falaise entfernt ist. Hier werden viele Artikel industrieller Fertigung (Taschenlampenbatterien, Waschmittel) verkauft, die billig aus Benin und Nigeria importiert werden. Nach Namonou kommen bis aus Ouagadougou viele Händler mit Lastwagen, die nicht nur die billige Importware aufkaufen, sondern auch den agrarischen Überschuß. Heute wird der äußerliche Eindruck vieler Ortschaften auch durch Missionen geprägt, die Kirchen, Sanitätsstationen, Schulen und Wohnhäuser errichtet, aber auch Obstgärten und schattige Alleen angelegt haben.

8.2 Einige Bemerkungen zur Sprache

"Gulmancé" (sprich: Gulmantchee) ist die Eigenbezeichnung der Ethnie (vgl. GEISTRONICH 1991). Die Schreibweise entspricht dem internationalen Lautalphabet (pers. Mitt. WINKELMANN). Ältere Bezeichnungen sind Gurma (DITTMER 1979), Gourma (französische Schreibweise) und Gourmantché (CHANTOUX et al. 1968). Die Sprache der Gulmancé ist das Gulmancéma, eine Gur-Sprache, die zur Niger-Kongo-Sprachfamilie gehört (JUNGRAITHMAYR 1986). Der Begriff Gourma stammt von den Hausa, die ihn von den Songhai übernommen haben, die darunter ursprünglich die rechts des Niger-Flusses liegenden Landstriche verstanden haben (vgl. REMY 1967:13; GEISTRONICH 1991:29). Dies führte zu der mißverständlichen Doppelbenutzung des Wortes: Neben der Ethnie trägt auch ein Landstrich den Namen Gourma, der allerdings nicht mit dem Siedlungsgebiet der "Gourma" identisch ist. Das Gebiet liegt weit nördlich davon in Mali, innerhalb des Niger-Bogens und wird von Fulbe und Songhai besiedelt.

Das Gulmancéma ist eine Nominalklassen-Sprache, d. h. alle Substantive gehören zu einer der acht Nominalklassen, statt - wie im Deutschen - ein Geschlecht zu haben. Erkennungsmerkmal einer Nominalklasse sind Präfix und Suffix, also dem Stammwort voran- bzw. nachgestellte Silben. Eine Nominalklasse hat jeweils zur Bildung des Singulars und Plurals ein Prä- und Suffix-Paar.

Ein Beispiel:

	Präfix	Stamm	Suffix	
Singular	ki	tin-	ga	der Boden
Plural	mu	tin-	mu	die Böden

Das Präfix, das ähnlich dem deutschen bestimmten Artikel determinative Funktion hat, kann als eigenes Wort dem Wortstamm vorangestellt werden. Das Suffix wird immer ohne Trennung dem Stammwort angehängt. Im voranstehenden Beispiel handelt es sich um die Nominalklasse, in der sich neben kleinen Gegenständen auch Boden, Regen und Sonne befinden (OUOBA 1986:116). Zur weiteren Kennzeichnung eines Gegenstandes lassen sich bestimmte Eigenschaftswörter, z.B. Farbadjektive, zwischen Wortstamm und Suffix einfügen:

    ki tin-muan-ga   roter Boden

Der Wortstamm tin- bezeichnet also Boden, wobei hier Boden in seiner flächenmäßigen Ausdehnung gemeint ist. Demgegenüber steht "ti tan-di", was ebenfalls Boden heißt, aber mehr auf das Material abhebt, also Boden im Sinne von Erde bezeichnet. Der Wortstamm tan- ist in vielen Begriffen enthalten:

ku tangu	der (große) Fels
li tanli	der (kleine) Fels
ki tanbiga	der (große) Stein
ki tanga	der (kleine) Stein
ti tandi	der Boden
me tanbiima	der Sand

Ku tangu wurde mir als Fels erklärt, der so groß sei, daß man ihn nicht fortrücken könne. Naheliegend, daß sich dieser Begriff in der gleichen Nominalklasse findet, in der auch viele Ortsbezeichnungen (z. B. Gobnangou) sind. Der Sand hingegen ist in der Klasse des Unzertrennbaren (wie auch Wasser), zu der es keine Pluralform gibt. So "wandert" der Wortstamm durch die Nominalklassen und erhält in jeder Klasse einen anderen Sinn.

Natürlich ist das Gulmancéma keine einheitliche Sprache, die überall gleich gesprochen wird. Sie setzt sich vielmehr aus verschiedenen Dialekten zusammen. So werden in Burkina Faso zwei Hauptdialekte unterschieden: ein nördlicher, der in der Gegend von Bogandé gesprochen wird und ein südlicher, der von Fada N'Gourma bis Diapaga gesprochen wird. Gerade auch die Verwendung des Präfix führt zur Unterscheidung der Sprachgruppen. Während im Süden die Zitierform eines Nomens das Präfix immer beinhaltet, fehlt im Norden das Präfix bei der Zitierform (NABA 1986:238). NABA unterscheidet bei dem südlichen Dialekt zusätzlich eine westliche und eine östliche Variante. In der Region von Gobnangou sehen sich die Gulmancé selbst als regionale Einheit, die sich auch durch einen eigenen Dialekt unterscheidet (vgl. REMY 1967:17).

Für die vorliegende Arbeit bedeutet dies folgendes: Die vorgestellten Begriffe der Gulmancé entsprechen in Beschreibung und Aussprache den in der Region von Gobnangou erhaltenen Aussagen. Sie differieren zwangsläufig von Beschreibungen und Benennungen aus anderen Gebieten. Das hat zum einen die erwähnten sprachlichen, zum anderen naturräumliche Gründe. Innerhalb des von den Gulmancé besiedelten Gebietes ist die Region Gobnangou einzigartig, dementsprechend erfährt die Landschaft durch die Bewohner eine andere Bewertung.

Die Schreibweise der von mir aufgenommenen Begriffe richtet sich nach der Aussprache meines Dolmetschers, dessen Muttersprache das Gulmancéma ist. Die genaue Transkription verdanke ich der Linguistin Kerstin WINKELMANN, die sie anhand von Tonbandaufzeichnungen angefertigt hat. Lediglich die Ortsnamen richten sich nach der auf Karten verwendeten Schreibweise.

8.3 Zur Landwirtschaft der Gulmancé

Die Versorgung mit Nahrungsmitteln erfolgt ausschließlich durch den eigenen Anbau, den die Gulmancé noch heute mit der Hacke betreiben. Nur vereinzelt - unter dem Einfluß von Entwicklungshilfeprojekten oder Missionen - wird auch der Pflug eingesetzt. Die Felder werden, abgesehen von den Feldern in der ummittelbaren Umgebung der Gehöfte, in der Regel nicht gedüngt. Ist der Boden erschöpft, läßt man das Feld brachfallen und rodet an anderer Stelle den Busch, um für einige Jahre den Boden zu bebauen. Der Anbau findet im wesentlichen während der Regenzeit von Juni bis Oktober statt, spätestens im Januar wird die letzte Ernte eingeholt. Die Bewässerung von Feldern erfolgt nicht. Lediglich der Anbau von Naßreis in den Bas-fonds, der von den Franzosen eingeführt wurde, hat sich durchgesetzt. Vor der Schilderung der einzelnen Bodentypen und Standorte, die die Gulmancé unterscheiden, sollen die wichtigsten Faktoren erläutert werden, welche die Wahl der Anbaufrucht und des Standortes beeinflussen.

8.3.1 Nahrungsgewohnheiten und cash-crops

Wichtigstes Nahrungsmittel ist, wie fast überall in Westafrika, der Hirsebrei. Zu seiner Herstellung gibt es eine Vielzahl von Hirsearten, die sich im Geschmack, in ihren Ansprüchen an den Boden und in der Reifedauer unterscheiden. Die gefüllten Hirsespeicher sind nach der Erntezeit der Gradmesser, wie gut die Familie bis zur nächsten Ernte mit Nahrung versorgt ist. Zum Hirsebrei wird eine gewürzte Soße gegessen, deren Zutaten allerdings größtenteils nicht angebaut werden. Besondere Bedeutung für die Soße haben beispielsweise die Blätter des Affenbrotbaumes (*Adansonia digitata*) und die Kelchblätter von *Bombax costatum*. Daneben kennen die Gulmancé eine Vielzahl wild wachsender Kräuter, die sie für die Soße sammeln. Speziell für die Soße angebaut wird Okra, oft in einzelnen feldbegrenzenden Pflanzenreihen. Große Mengen Hirse werden auch zur Herstellung von Bier benötigt (vgl. GEIS-TRONICH 1991: 101 ff.), aus dem oft noch Schnaps destilliert wird.

Weitere Anbaufrüchte, die vor allem der Selbstversorgung dienen, sind Mais, Tabak, Erderbsen und Bohnen. Letztere werden gerne in Mischkultur mit Hirse gepflanzt, da sie als Leguminosen der Stickstoffversorgung der Hirse dienlich sind. Eine willkommene Abwechslung auf der Speisekarte ist der Reis, der jedoch überwiegend für den Verkauf angebaut wird. Gleiches gilt für die Erdnüsse, die gerne gegessen werden (z. B. als Wegzehrung), aber in zunehmendem Maße auch für den Verkauf angebaut werden.

Der Anbau von Hirse hat absoluten Vorrang. Hierfür werden die besten Felder genommen (SWANSON 1979a:5). REMY (1967:7) hat in einer agrargeographischen Arbeit über Yobri neben den Besitzverhältnissen von Feldern auch die Feldfrüchte kartiert. Die Karte zeigt deutlich, daß zum allergrößten Teil Hirse angebaut wird, und zwar zumeist in Mischkultur mit Leguminosen. Nur vereinzelt gibt es Felder mit Erdnüssen, noch seltener Baumwolle. Sehr verbreitet ist in Yobri der Anbau von Reis, da weite Flächen von Bas-fonds eingenommen werden, die wegen der saisonalen Überflutungen nicht anders genutzt werden können.

8.3.2 Der Zeitfaktor

Die Aussaat der Hirse beginnt mit dem Einsetzen der ersten Regenfälle im Mai/Juni. Hier kommt es auf den richtigen Zeitpunkt an. Zu früh darf nicht gesät werden, damit die Keimlinge bei den anfangs sehr unregelmäßigen Niederschlägen nicht verdorren. Die Aussaat darf jedoch auch nicht zu spät erfolgen, vor allem bei der langsam reifenden Hirse, weil sonst das Getreide in der Trockenzeit nicht zur vollen Reife gelangt und verdorrt, bevor die Körner ausgewachsen sind. Dies gilt besonders auf flachgründigen Standorten, deren Wasserspeicherkapazität gering ist. Die Wochen nach der Aussaat sind dem Kultivieren, d.h. vor allem dem Unkrauthacken gewidmet. Jedes Feld muß bis zur Ernte ein- bis zweimal vom Unkraut befreit werden, das die Kulturpflanzen bedrängt. Auf erschöpften Böden ist das Aufkommen von Unkraut wesentlich heftiger, hier muß drei- bis viermal gehackt werden. Noch im August wird die schnell wachsende Kolbenhirse geerntet, die somit das erste reife Getreide in der neuen Saison ist, wenn die alten Vorräte erschöpft sind.

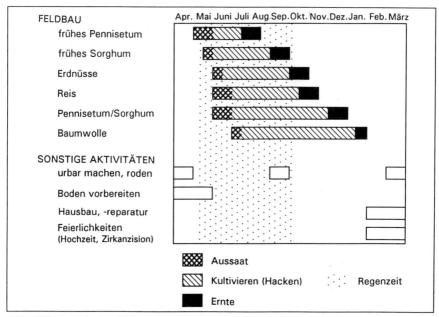

Abb. 53 Agrarischer Kalender der Gulmance
(verändert nach REMY 1967:59; vgl. GEIS-TRONICH 1991)

Es läßt sich sicherlich auch über den Zeitaufwand und die Zeiteinteilung begründen, wielange ein Feld bestellt wird, bevor man es brachfallen läßt und an anderer Stelle

Land urbar macht. Je länger ein Feld bebaut wird, desto größer wird - bei sinkenden Erträgen - der Aufwand beim Kultivieren (drei- bis viermal Hacken). Demgegenüber steht die Arbeit der Feldvorbereitung: Bäume roden, Gras abbrennen, den Boden lokkern und Wurzeln entfernen. SWANSON (1979b:46f.) beschreibt ausführlich den Aufwand zur Feldvorbereitung (7 Tage harte Arbeit zum Abhacken der Bäume, 6 Wochen zum Bodenwenden und 7 Tage für das Feldreinigen und Abbrennen). Dazu kommen die oft wesentlich längeren Wege zwischen Schlafstätte und Feld während der Zeit des Anbaus. Für die Bewirtschaftung weit entlegener Felder kennen die Gulmance daher sogenannte Sommergehöfte, die sie inmitten der Felder errichten und nur während der Anbauzeit bewohnen (GEIS-TRONICH 1991:46ff.).

8.3.3 Düngung

Die besten Felder der Gulmancé sind die unmittelbar an das Gehöft angrenzenden. Auf ihnen wird das anspruchvollste Getreide, der Mais, angepflanzt. Hausabfälle, menschliche und tierische Exkremente sind es, die diesen Feldern die Fruchtbarkeit verleihen (vgl. REMY 1967; SWANSON 1979b; GEIS-TRONICH 1991:35). Bei größeren Feldern besteht die Möglichkeit, sich mit den nomadisierenden Peulh zu einigen, damit sie einige Wochen lang ihre Tiere auf dem Feld nächtigen lassen. Der hinterlassene Dung reicht aus, um einen weitgehend erschöpften Boden weitere zwei Jahre zu bestellen. Die Peulh lassen sich solche Dienste mit Nahrungsmitteln entlohnen, z. B. in der Form, daß sie während der Zeit bei dem Besitzer des zu düngenden Feldes kampieren und sich von ihm verpflegen lassen. Aber diese Möglichkeit ist - mangels Rindern - nicht allen gegeben.

Statt zu düngen, halten die Gulmancé Fruchtfolgen ein, bei denen nach und nach immer anspruchslosere Pflanzen angebaut werden. Die Stickstoffversorgung wird durch den Anbau von Leguminosen verbessert. Bei der Kartierung von REMY (1967:Karte 7) waren dreiviertel aller Hirsefelder in Mischkultur mit Bohnen angelegt. Auf sandigen Böden können auch Erderbsen oder Erdnüsse angebaut werden, die den Anbau von Hirse für zwei weitere Jahre ermöglichen. Hier eine typische Fruchtfolge für Tinpienga, die mit dem anspruchsvollerem Sorghum beginnt und mit dem genügsameren Pennisetum endet:

- 1. Jahr: Sorghum
- 2. Jahr: Erdnüsse
- 3. Jahr: Sorghum
- 4. Jahr: Pennisetum
- 5. Jahr: Erdnüsse
- 6. Jahr: Pennisetum
- 7. Jahr: Pennisetum

Die Gulmancé geben dem Anbau für den Eigenbedarf den Vorrang, da dieser die Lebensmittelversorgung für das ganze Jahr sicherstellt. SWANSON (1979a:5) empfiehlt daher den Düngemitteleinsatz auf Feldern zur Selbstversorgung zu propagieren. Dies würde zu sichereren und höheren Erträgen bei gleicher Feldgröße führen, wodurch sowohl Arbeitszeit als auch Anbaufläche freigesetzt würden, um cash-crops anzubauen. Bisherige Versuche, den Verkauf von Dünger zu etablieren, waren jedoch wenig erfolgreich. Die Gründe hierfür mögen vielschichtig sein. Von den Gulmancé wurde erklärt, das Risiko der Geldausgabe sei zu hoch, da die Erträge durch den Einsatz von Dünger noch nicht gesichert seien. Ungünstige Niederschlagsverhältnisse oder Heuschrecken könnten immer noch zum Verlust der Ernte und damit des eingesetzten Geldes führen (vgl. LADWIG 1986).

8.3.4 Die Wahl der Anbauart

Fast alle Gulmancé haben eine umfassende Kenntnis der Wild- und Kulturpflanzen und ihrer Verwendungsmöglichkeiten. Sie kennen nicht nur zahlreiche Bäume und Sträucher, deren Früchte genießbar sind, sondern wissen auch, welche Blätter und Rinden bei bestimmten Krankheiten heilsam sind, oder welche Wildpflanzen Wurzelknollen ausbilden, die eßbar sind. Sie unterscheiden Gräser, die zum Decken der Dächer zu verwenden sind, von solchen, aus denen Matten oder Korbwaren geflochten werden können und wissen, an welchem Ort die jeweiligen Gräser wachsen (vgl. GEIS-TRONICH 1991). Eine Zwischenstellung zwischen genutzten Wildpflanzen und angebauten Kulturpflanzen nehmen die Baumarten ein, deren Früchte oder Blätter intensiv genutzt werden. Wenngleich diese Bäume nicht angepflanzt werden, so sind sie doch außerordentlich verbreitet, da sie bei der Feldvorbereitung nicht gerodet werden (vgl. KRINGS 1991b).

Am Beispiel des Grundnahrungsmittels Hirse soll kurz gezeigt werden, welche Kriterien die Wahl der anzubauenden Hirseart beeinflussen. Zur Verfügung stehen zahlreiche Varietäten von *Sorghum bicolor* ("Büschelhirse") und *Pennisetum americanum* ("Kolbenhirse"). Sorghum ist anspruchsvoller in bezug auf die Bodenfruchtbarkeit, dafür aber auch ertragreicher als Pennisetum. Auf einem frisch gerodeten Feld wird daher zunächst Sorghum "i biari" angebaut. Dabei hat der Bauer die Wahl zwischen verschiedenen Arten, die sich vor allem in der Reifedauer (zwischen 3½ und 6 Monaten) und in den Ansprüchen an den Boden unterscheiden. So gibt es Arten, die Dürrephasen recht gut überstehen können und auch ausreifen, wenn die Regenzeit schon früh endet. Andere Arten hingegen vertragen eine stärkere Durchnässung des Bodens besser. Während bei einem frisch gerodeten Feld - bei durchschnittlichen Wasserverhältnissen - die Wahl der Anbauart von untergeordneter Bedeutung ist, wird mit zunehmender Nährstoffverarmung des Bodens die Wahl der "richtigen" Varietät immer wichtiger. Wegen der vergleichsweise langen Reifezeit gilt Sorghum als Nahrung für die Trockenzeit. Der größte Nahrungsmittelengpaß besteht während der Regenzeit, wenn die alten Vorräte aufgebraucht sind, aber die neue Hirse noch nicht erntereif ist. Zur Verkürzung dieses Engpasses wird "i niari" angebaut, eine Pennisetum-Art, die nach 2½ - 3 Monaten ausgereift ist und schon sehr frühzeitig ausgesät werden kann (s. Abb. 53). "I niari" wird meist in Mischkultur mit anderen Hirsearten angebaut, da die Ernte noch während der Regenzeit stattfindet und auf dem abgeernteten Feld die Verunkrautung überhandnehmen würde. Die anspruchsloseste Hirseart ist "i diyue", eine Pennisetum-Varietät, die etwa 6 Monate bis zur völligen Reife benötigt. Sie wird auf den nährstoffärmsten Böden angebaut und ist oft Folgefrucht von Sorghum. Sie gilt als sehr resistent gegenüber Unkraut. Wenn ein Sorghumfeld schon zweimal gehackt wurde, muß ein Feld mit "i diyue" erst gehackt werden, wenn das Unkraut genauso hoch ist wie die Hirse selbst (50 - 60 cm). Der Ertrag ist dann immer noch sehr gut. Im Gegensatz zu den vorgenannten Hirsearten eignet sie sich jedoch nicht zur Bierherstellung. Dafür wird sie als sehr wohlschmeckend geschätzt und kann sogar roh gegessen werden. So verschwindet wohl ein geringer Teil der Kolben schon vor der Ernte, der von den Kindern genascht wird. Aber ein sicherlich gravierenderes Problem sind die Vögel, die gerade bei den langsam reifenden Hirsearten beträchtliche Ernteeinbußen verursachen können, vor allem wenn die Felder weit außerhalb der Ortschaften liegen (vgl. LADWIG 1986:99).

Eine umfangreiche Liste der Kulturpflanzen, die die Gulmancé anbauen, hat SWANSON (1979b) zusammengestellt. Darin beschreibt er, neben anderen Kulturpflanzen, recht ausführlich 13 Varietäten von Pennisetum und 15 Varietäten (mit 8 Subvarietäten) von Sorghum, die in der Region von Pama und Fada N'Gourma angebaut werden (s. a. GEIS-TRONICH 1991:36).

9 Bodentypen und Standortbeschreibungen der Gulmancé

Die Beschreibung eines Bodens beginnt bei den Gulmancé oft mit den Worten: "Dieser Boden ist gut, denn er bringt auch in Jahren mit wenig Regen noch gute Erträge", oder: "Das ist ein guter Boden, aber wenn es zuviel regnet, kann es passieren, daß die Saat nicht aufgeht". Wichtigster Aspekt bei der Beurteilung eines Bodens ist seine Ertragsfähigkeit in Abhängigkeit von den ungewissen Niederschlägen. Die Ursachen für das unterschiedliche Verhalten der einzelnen Böden - Textur, Hangneigung, Reliefposition - werden dabei klar erkannt und ausgedrückt: "Der Boden ist gut, wenn es viel regnet. Aber es reicht schon, daß die Regenfälle für zwei Wochen aussetzen. Dann verdorrt die Hirse, denn die Bodenschicht über der Lateritkruste ist nicht sehr dick".

Ein deutlich zweitrangiger Faktor ist die Nährstoffversorgung. Ein Boden gilt nicht deswegen als schlecht, weil man ihn nur fünf bis sechs Jahre bebauen kann. Im Gegensatz zu den Niederschlägen kann das Nährstoffpotential im voraus abgeschätzt werden. Hierzu wird vor allem die Vegetation herangezogen. Der Pflanzenbesatz gibt Auskunft über die aktuelle Fruchtbarkeit. Dabei finden praktisch alle Merkmale der morphologischen und pflanzensoziologischen Ausprägung wie z. B. die Größe der Büsche, Bestandsdichte und Artenvielfalt ebenso Beachtung wie die Kenntnis von Zeigerpflanzen. Bestimmte Gräser stellen sich erst auf voll regenerierten Böden ein, während andere sich vorzugsweise auf jungen Brachen ausbreiten (vgl. WITTIG et al. 1992).

Die Einschätzung eines Bodens geschieht also unter Berücksichtigung seines Pflanzenbesatzes und auch seiner Reliefposition, da hiervon der Wasserhaushalt entscheidend mitbestimmt wird. Unter dieser Voraussetzung ist der Begriff "Boden" unzutreffend, da es sich um die Beschreibung eines "Standortes" handelt. Im folgenden werden also typische Boden- und Standortbeschreibungen der Gulmancé vorgestellt, die jeweils in Gruppen zusammengefaßt sind. Ausschlaggebend für die Zuordnung zu einer bestimmten Gruppe war immer der für die Ertragsfähigkeit wichtigste Faktor. So gibt es eine Gruppe, in der Böden nach Textur unterschieden werden und eine Gruppe, in der Standorte aufgrund ihrer Reliefposition ausgegliedert sind. Letztere wird noch in eher feuchte und eher trockene Standorte unterteilt.

SWANSON (1979b) wählte eine andere Gliederung. Bei ihm erfolgte die Darstellung der Hauptbodentypen (major soil types) unabhängig von den Reliefeinheiten, die an anderer Stelle beschrieben werden (surface feature categories). Eine solch klare Trennung soll hier nicht vorgenommen werden, da oft genug mit den Reliefeinheiten auch bestimmte Bodenmerkmale verknüpft sind. Dies sei am Beispiel u gbanu erläutert: SWANSON (1979b:7) beschreibt ogbaanu (flat land) als außergewöhnlich ebenes Gelände, auf dem der Oberflächenabfluß nach einem Regen nur langsam vonstatten geht und die Niederschläge bisweilen recht schnell in den Boden versickern. Die Erträge hingen von dem jeweiligen Boden ab, der in dieser Lage anzutreffen ist. Mir gegenüber wurde gbanu ebenfalls als sehr ebenes Land beschrieben, das - in leicht erhöhter Lage - nicht von Überschwemmungen bedroht sei. Dazu kam jedoch, das sich im Untergrund immer Laterit befinde. Umso dünner die Bodendecke sei, desto wichtiger wäre es, daß die Niederschläge nicht nur reichlich, sondern auch gleichmäßig über die Regenzeit verteilt fallen. Die Erträge würden umso besser, je ergiebiger die Niederschläge fielen. Auch SWANSON gelingt die Trennung von Reliefeinheiten und Bodentypen nicht vollständig. Immer wieder sind mit den Reliefeinheiten unmittelbar Bodeneigenschaften verknüpft, wie beispielsweise seine Bemerkung zum schnellen Versickern des Wassers auf ogbaanu zeigt.

Ein wichtiges Merkmal zur Beurteilung eines Bodens ist seine Farbe. Ein Boden kann rot, weiß oder schwarz sein. Zu den Farben ist anzumerken, daß die Gulmancé nur für die genannten drei Farben Begriffe haben. Zur Darstellung anderer Farben werden Vergleiche herangezogen: "wie das frische Gras" (grün), "wie die Frucht des Nere-Baumes" (gelborange). SWANSON (1980:87) schreibt daher, daß schwarz nicht nur tiefschwarz, sondern auch grau und dunkelbraun beinhalte. Rot deckt das ganze Spektrum von orange, fast gelb, bis hin zu hellbraun ab und weiß umfaßt auch alle hellen Pastelltöne. Die Bodenfarbe dient auch dazu, regionale Unterschiede zu markieren. So gilt das südliche Vorland der Falaise als Gebiet, in dem weiße Böden vorherrschen. Nur in der Gegend von Kodjari (wo Schiefer anstehen), dominieren schwarze Böden. Im nördlichen Vorland sind ebenfalls die weißen Böden vorherrschend, hier stellt das Gebiet zwischen Tambaga, Yobri und Namonou die Ausnahme dar, wo sich schwarze Böden aus basischem Kristallingestein entwickelt haben.

9.1 "Surface features" nach SWANSON

In seiner "Gourmantche Agriculture" stellt SWANSON (1979b:2ff.) eingangs die wichtigsten, von den Gulmancé als bebaubares Land angesehenen, Reliefeinheiten vor. Diese "surface features" sollen hier kurz dargestellt werden, weil sie nicht nur die vorhandenen Oberflächenformen gut wiedergeben, sondern weil sie auch die damit verbundenen Vorstellungen und die landwirtschaftliche Inwertsetzung durch die Gulmancé illustrieren. Die angeführten Reliefeinheiten und Definitionen entsprechen weitgehend den von mir erfragten Begriffen. Die Darstellung durch SWANSON hat jedoch den Vorteil einer anderen Perspektive: Sein Arbeitsgebiet war hauptsächlich die Region von Pama und Fada N'Gourma. Das ist eine durch weite Ebenheiten gekennzeichnete Landschaft auf dem kristallinen Sockel. So ist es aufschlußreich, in welcher Weise er die Gobnangou-Region als besonderes Gebiet mit eigenen Reliefeinheiten beschreibt.

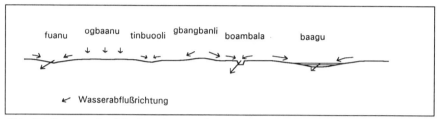

Abb. 54 Schema der "Surface features" nach SWANSON (1979b)

Die Einschätzung des Reliefs orientiert sich bei den Gulmancé vor allem an dem Abflußverhalten des Niederschlagswassers. Entsprechend unterscheiden sie höher gelegene Standorte, von denen das Wasser abfließt und niedrigere, an Tiefenlinien gebundene, in denen Wasser zusammenfließt. Letztere Standorte sind die beliebtesten, weil hier die Böden in der Regenzeit am längsten durchfeuchtet sind. Dabei werden zwei Arten unterschieden: u fuanu (draining center of watershed) bezeichnet kleinere Formen, die ohne ausgeprägtes Gerinnebett entwässert werden. Boambala (land bordering edge of stream) hingegen bezeichnet die Flächen entlang eines Baches. Über die nächst größere Form, kpenbala (land bordering edge of river), die Tiefebenen entlang der Flüsse Pendjari, Singou und Kpenpienga, schreibt SWANSON (1979b), daß sie wegen der Flußblindheit nur dünn besiedelt sind. Ebenfalls wenig beliebt waren bis vor kurzem baagu (bas-fond), die in der Regenzeit überfluteten Flachmuldentäler, die bis zur Einführung des Reisanbaus als unbebaubar galten.

Bei den hochgelegenen Standorten unterscheiden die Gulmancé ogbaanu (flat land), extrem ebenes Gelände ohne deutliche Abflußlinien, und gbangbanli (sloping, higher land), flache Hügel, bei denen es sich m. E. oftmals um Siedlungshügel handelt. Bei beiden Standorten hängen die Erträge stark von der Bodenqualität ab und sind umso besser, je länger und regelmäßiger die Regenzeit ausfällt. tinbuooli bezeichnet flache Geländedepressionen ohne oberirdischen Abfluß, wie sie auf ogbaanu vorkommen. Da sie keine großen Flächen einnehmen, ist ihre landwirtschaftliche Bedeutung gering. Aber in einem auf ogbaanu angelegten Acker ist tinbuooli eine gern gesehene Erscheinung, da auch hier der Boden immer etwas besser durchfeuchtet ist.

Es zeigt sich also, daß die Gulmancé die tieferliegenden Standorte fuanu, boambala und tinbuooli wegen der gleichmäßigen, langanhaltenden Durchfeuchtung am besten bewerten. Bei höhergelegenen Standorten (ogbaanu, gbangbanli) kann eine ungünstige Ausprägung der Regenzeit bereits zu Ertragseinbußen führen. Während die Bas-Fonds (baagu) erst durch den Reisanbau landwirtschaftlich genutzt werden können, werden die Flußläufe als siedlungsfeindliches Gebiet dargestellt. Die surface features **jaduoli** (plateau top) und **jabala** (land bordering edge of plateau ridge) beschreibt SWANSON (1979b) ausdrücklich als Besonderheiten des Madjoari-Gobnangou-Höhenzuges, die beide vielfältige Anbaumöglichkeiten bieten.

9.2 Klassifikation der Böden nach Farbe

Bei den nach ihrer Farbe benannten Böden handelt es sich um anbaufähige Böden, die gut zu bearbeiten sind und deren Nutzbarkeit nicht durch einen schlechten Wasserhaushalt oder große Härte eingeschränkt wird. Es sind tiefgründige und im Vorland des Sandsteinzuges auch recht sandige Böden.

Mit der Bodenfarbe ist bei den Gulmancé auch eine Aussage über die langfristige Fruchtbarkeit verknüpft. Während die roten Böden als die am wenigsten fruchtbaren gelten, die nur wenige Jahre bebaut werden können, sind die schwarzen Böden die nährstoffreichsten. Einige schwarze Böden werden seit zehn oder gar zwanzig Jahren ununterbrochen bebaut. Die farbliche Einschätzung wird allein anhand der oberflächlichen Betrachtung vorgenommen, es wird kein Spatenstich getätigt (so ist eine solche Ansprache nicht immer so ganz leicht nachzuvollziehen, beispielsweise wenn ein weißer Boden nach dem Buschbrand mit Asche bedeckt ist). Neben der Fruchtbarkeit steckt in der Bodenfarbe auch eine Aussage über ihre Reliefposition: Während sich die roten und weißen Böden eher in erhöhten Lagen befinden, sind die schwarzen Böden den - besser durchfeuchteten - Tieflagen (Dellen, Tiefenlinien) vorbehalten, also Lagen, in denen durch oberflächlichen Zufluß auch organisches Material herangeführt wird.

9.2.1 Tinmuanga (roter Boden)

Die Gulmancé aus Gobnangou beschreiben **tinmuanga** als roten, meist sehr sandigen Boden. Man kann ihn ohne Düngung etwa 6 Jahre bebauen, wobei die Erträge etwas geringer sein können als bei den im Anschluß beschriebenen weißen Böden (tinpienga). Er gilt daher als relativ schlechter Boden. Nach der Anbauzeit braucht er etwa 20

Jahre Brache, um die Ertragsfähigkeit zu regenerieren. Vorteil des Bodens ist jedoch, daß die Erträge weitgehend unabhängig von den Niederschlagsmengen gesichert sind. Weit verbreitet ist der Boden nicht. Sein Vorkommen beschränkt sich auf den unmittelbaren Rand des Sandsteinmassivs. Hier trifft man ihn vor allem in den Buchten an, welche in den Stufenbereich hineingreifen. Letztere Aussage stammt aus dem südlichen Vorland der Chaîne. Im nördlichen Vorland, wo die Böden vom unterlagernden Kristallin mitgeprägt sind, trifft dies nicht zu. Danach bezeichnen die Gulmancé mit tinmuanga die rot gefärbten Lixisols/Acrisols, wie sie beispielsweise in den Bodenprofilen C2-5 (Abb. 26) und P1 (Abb. 27) beschrieben werden. Während in der FAO-Nomenklatur bei diesen Bodentypen die Farbe eine untergeordnete Rolle spielt, ist der Unterschied zwischen "roten" und "weißen" Böden von einiger Bedeutung, da hiermit Unterschiede in der Fruchtbarkeit verknüpft sind. Möglicherweise läßt sich die Einschätzung der unterschiedlichen Ertragsfähigkeit mit dem Wasserhaushalt erklären. So könnte die Wasserversorgung der Kulturpflanzen bei den besser drainierten, rot gefärbten Böden etwas schlechter sein als bei den manchmal sogar zur Staunässe neigenden, heller gefärbten Acrisols/Lixisols.

SWANSON (1979b:11) beschreibt tinmuanga als "reddish laterite soils", die einen hohen Tongehalt haben und schwach grusig sind. Bei diesen Böden müsse man bis weit in die Regenzeit warten, damit sie für den Anbau ausreichend durchfeuchtet seien. Dann würden sie sich gut für den Anbau von Pennisetum (späte Varietät) und Sesam eignen. Diese extrem abweichende Beschreibung macht deutlich, wie in einem anderen Naturraum Bodenbeschreibungen differieren können.

9.2.2 Tinpienga (weißer Boden)

Die Gulmancé unterscheiden bei den tinpienga genannten Böden solche, die einen sandigen Oberboden haben, von denen, die lehmig sind. Die in den Vorländern der Chaîne weit verbreiteten weißen Böden sind sehr sandig. Sie sind beliebte Ackerstandorte, da sie weitgehend vom Regen unabhängige Erträge bzw. gerade in Jahren mit geringen Niederschlägen noch gute Erträge ermöglichen. Die Gulmancé schätzen weiterhin die leichte Bearbeitbarkeit der Böden und die Tatsache, daß man alle Feldfrüchte darauf anbauen kann, denn selbst Erdnüsse und Erderbsen lassen sich aus dem sandigen Boden problemlos ernten (vgl. MÜLLER-HAUDE 1991). Nachteil der sandigen Böden ist ihr geringer Nährstoffgehalt, weswegen sie schon nach 6 - 7 Jahren ausgelaugt sind. Dann tritt meist der Wurzelparasit *Striga hermontica* gehäuft auf, der einen weiteren Anbau verhindert. Die regionalen Unterschiede der tinpienga genannten Böden sind recht groß. Im südlichen Vorland, vor allem in der Region von

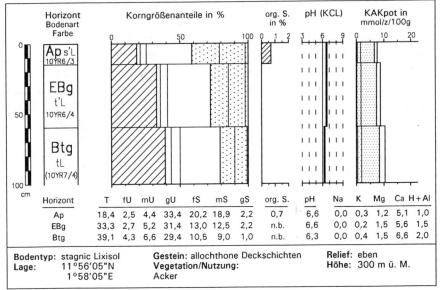

Abb. 55 Profil P3 bei Kaabougou (tinpienga)

Madaaga, sind es tiefgründige Acrisols/Lixisols, wie sie in den Catenen 1 - 3 dargestellt werden. Im nördlichen Vorland sind die Böden deutlich stärker von Staunässe gekennzeichnet. Hier kommt der Einfluß des unterlagernden vertonten Kristallins zum Tragen. So z. B. bei Profil P3 (Abb. 55), das nahe Kaabougou aufgenommen wurde.

Sowohl die Region von Madaaga als auch die Umgebung von Kaabougou wurden von den Gulmancé als Gebiete beschrieben, in denen weiße Böden vorherrschen. In beiden Gebieten wird großflächig Feldbau betrieben (s. Kartenbeilage).

9.2.3 Tinbuanli (schwarzer Boden)

Tinbuanli genannte Böden sind grundsätzlich fruchtbarer als die roten oder weißen Böden. Sie treten allerdings nicht großflächig auf, sondern ihr Vorkommen beschränkt sich vorwiegend auf flache Geländedepressionen (li buoli) von nur wenigen Dekametern Durchmesser oder auf die Nachbarschaft von Bachläufen. Es sind gerne gesehene Erscheinungen, denn in ihnen wächst die Hirse besser und schneller als auf den benachbarten Flächen (meist tinpienga oder gbanu). Die Böden zeichnen sich durch höhere Humusgehalte im Oberboden und oft auch durch eine stärkere Pseudovergleyung aus. Letzteres belegt den - reliefbedingt - besseren Wasserhaushalt in den flachen, oft optisch kaum wahrnehmbaren Geländedepressionen. Eine Zeigerpflanze für die feuchteren "schwarzen Flecken" ist ein **kufaljenyengu** genanntes Kraut.

SWANSON (1979b:7) beschreibt tinbuooli genannte Depressionen ebenfalls als gern gesehene surface features mit fruchtbareren und besser durchfeuchteten Böden, die sich besonders für den Anbau von Mais und Sorghum eignen. Das Wort für schwarzer Boden wurde mir nachdrücklich tinbuanli genannt und damit einer anderen Nominalklasse zugeschlagen als tinpienga und tinmuanga. NABA (pers. Mitt.) hält es für möglich, daß dadurch die geringe Verbreitung des Bodens ausgedrückt wird. SWANSON (1979b:11) nennt schwarze Böden tinbuanga, bringt sie aber nicht in Verbindung mit dem surface feature tinbuooli.

Abb. 56 zeigt ein tinbuanli-Profil, das in Kaabougou aufgenommen wurde. Bei der Charakterisierung des Standortes betonten die Gulmancé, daß der Standort zwar tief liege und daher immer gut durchfeuchtet sei, aber nicht überflutet würde, in diesem Sinne also kein bas-fond sei. Nur in Jahren mit sehr viel Regen könne es hier zu Ernteausfällen kommen.

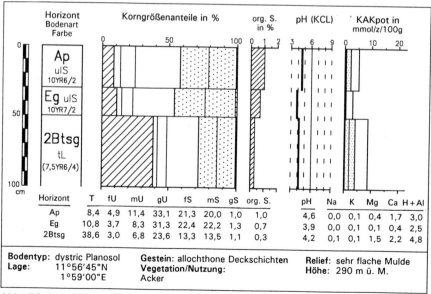

Abb. 56 Profil P4 bei Kaabougou (tinbuanli)

9.3 Klassifikation der Böden nach Textur

Die durch ihre Textur charakterisierten Böden der Gulmancé lassen sich sehr gut in eine Reihenfolge mit abnehmender Korngröße einordnen: danach gibt es steinige, sandige, schluffige und tonige Böden. Unter den tonigen Böden werden ausschließlich Vertisole beschrieben. Schrumpfrisse und die Klebrigkeit des Materials sind für die Gulmancé die Erkennungsmerkmale solcher Böden. Ein Wort für Ton (z. B. **ku yuagu**, Ton zum Töpfern, vgl. GEIS-TRONICH, 1991:411) wurde mir in diesem Zusammenhang nicht genannt. Ebenso wurden die schluffigen Böden anhand ihrer Eigenschaften erklärt, ohne auf das Material Schluff näher einzugehen. Die einzigen Begriffe für "Bodenarten", die in diesem Zusammenhang in Erfahrung zu bringen waren, sind ti tandi (Erde, Lehm) und me tanbima (Sand).

9.3.1 Tintancaga (steiniger Boden)

Mit **tintancaga** bezeichnen die Gulmancé Böden, die durch einen hohen Gehalt an Pisolithen gekennzeichnet sind, und die daher vor allem auf den weiten Lateritebenen anzutreffen sind. Sie haben oftmals einen grob texturierten Oberboden, so daß sie sich für den Anbau von Erdnüssen eignen. Die Erträge sind umso besser, je mehr es regnet. Die Böden werden 4 bis maximal 7 Jahre bebaut, danach benötigen sie etwa 10 Jahre Brache. Ein als tintancaga bezeichneter Boden ist in Profil C6-3 (Abb. 41, eutric Acrisol) dargestellt.

SWANSON (1979b:12) beschreibt tancaaga (Laterite, gravelly soil) als Böden, die schnell austrocknen. Man könne auf ihnen erst relativ spät nach Einsetzen der Regenzeit mit dem Anbau beginnen, und für gute Erträge sei eine lang anhaltende Regenzeit vonnöten. Er berichtet weiter von der Unterscheidung roter (tancagi-moangu) und schwarzer (tancagi-boangu) Böden. Letztere seien die fruchtbareren, die sich sogar für den Anbau von Mais, Sorghum und Okra eigneten.

9.3.2 Tintanbima (Sandboden)

Böden mit sehr sandigem Oberboden werden als tintanbima bezeichnet. Sie gelten als gute Böden, da die Hirse immer gut gedeiht, unabhängig davon, ob es viel oder wenig regnet. Da sie relativ nährstoffarm sind, können sie nur etwa 5 - 7 Jahre bebaut werden. Sie werden ebenfalls zu den weißen Böden gezählt, wobei hier die Grenze zu den tinpienga genannten Böden fließend ist. Bei den in Gobnangou aufgenommenen Profilen von "Sandböden" handelte es sich durchweg um Lixisols/Acrisols, die in den sandsteinbürtigen Substraten entstanden waren. SWANSON (1979b:11) schreibt, daß diese Böden als optimale Standorte für Pennisetum und Knollengewächse gelten, auf denen auch Erdnüsse und -erbsen gut gedeihen. Lediglich für Sorghum wäre der Boden weniger geeignet.

9.3.3 Tinlubili (schluffiger Boden)

Der Boden gilt als gut, weil er sichere Erträge ermöglicht, unabhängig davon, ob es viel oder wenig regnet. Die Erträge sind jedoch umso besser, je mehr Niederschlag anfällt. Er kann etwa 4 - 5 Jahre bebaut werden, bevor man ihn brachfallen lassen muß. Für Erdnüsse und -erbsen ist er nicht geeignet. Sein großer Nachteil ist, daß er - ähnlich wie der tinbisimbili genannte Vertisol - in der Regenzeit sehr rutschig wird und daher schlecht zu bearbeiten ist. Die gleichen Schwierigkeiten für die Bearbeitung beschreibt SWANSON (1979b:11), der für tinlubili noch die Synonyme ligbali und bualitinpia anführt. Die Böden seien in der Regel dunkel und kompakt. Die Ertragsfähigkeit stellt er jedoch ganz anders dar: solche Böden seien sehr fruchtbar, und sie würden ihre Fruchtbarkeit auch am längsten behalten.

Das Profil P5 (Abb. 57) liegt bei Kodjari; der Boden wurde von den Gulmancé zu den weißen Böden gezählt. Es handelt sich um einen ca. 50 cm mächtigen Decklehm, der einer Lateritkruste aufliegt, die über den Schiefern der Pendjari-Formation ausgebildet

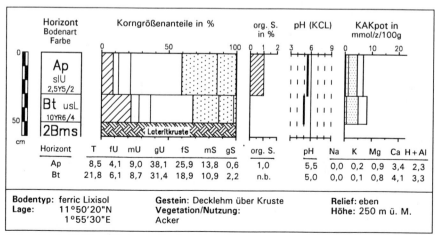

Abb. 57 Profil P5 südlich von Kodjari (tinlubili)

ist. Dies mag die sehr hohen Schluffgehalte in den Horizonten erklären. Leider macht SWANSON (1979b) keine weiteren Angaben zu diesen Böden. Es ist daher schwierig zu erklären, warum so abweichende Angaben über die Fruchtbarkeit berichtet werden. Möglicherweise handelt es sich bei dem von ihm beschriebenen Bodenmaterial um Hochflutablagerungen, die ihre dunkle Farbe dem Gehalt an organischer Substanz verdanken.

9.3.4 Lubigu (schluffiger Staunässeboden)

Der Begriff **lubigu** setzt sich aus den Wörtern **lubili** und **pugu** zusammen. Ersteres bezeichnet den hohen Schluffgehalt im Boden, letzteres seine wasserstauenden Eigenschaften. Diese Eigenschaften ergänzen sich bei dem Profil P6 (Abb. 58) in ungünstiger Weise: "Wenn es zuviel regnet, kann die Hirse verderben, aber wenn es zuwenig regnet, wird sie auch nicht recht gedeihen". Die Aussage läßt sich anhand des Bodenprofils recht gut erklären. Der nur 15 cm mächtige, sehr schluffige (52,2 %) Ap-Horizont hat keine hohe Wasserspeicherkapazität und ist daher schnell wassergesättigt. Der darunter folgende dichte Btsg-Horizont nimmt kaum Wasser auf und verhindert eine weitere Versickerung. Ist das wenige im Oberboden gespeicherte Wasser verbraucht oder durch kapillaren Aufstieg verdunstet, beginnen die Pflanzen zu kümmern, wenn keine weiteren Niederschläge kommen.

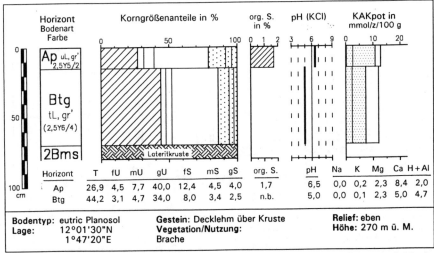

Abb. 58 Profil P6 (= Profil C7-3 eutric Planosol) 5 km südlich von Diapaga (lubigu)

9.3.5 Bolbuonli und tinbisimbili (Vertisols / vertic Cambisols)

Bolbuonli wird als dunkler (schwarzer) Boden beschrieben, der beim Trocknen aufbricht und Schrumpfrisse bekommt. Solche Böden gelten als die fruchtbarsten Böden in der Region, die man ununterbrochen 15 - 20 Jahre bebauen kann. Selbst bei geringen Niederschlägen ermöglichen sie noch gute Erträge. Sie werden daher von den Gulmancé geschätzt, obwohl sie schwer zu bearbeiten sind. In Gobnangou gibt es zwei Gebiete, die für das Vorhandensein dieser schwarzen Böden sehr bekannt sind: Die Region zwischen den Ortschaften Tambaga, Yobri und Namonou und die Gegend um Kodjari. Eine allgemeingültige Aussage über das Auftreten von bolbuonli besagt, daß man solche Böden immer in der Nähe bzw. am Fuß von Hügeln antrifft. Die Beschreibung der Böden (dunkle Farbe, hoher Tongehalt, Schrumpfrisse) weist schon darauf hin, daß es sich hier um Vertisols handelt. Die Lagebezeichnung dazu zeigt darüber hinaus an, daß speziell solche Böden gemeint sind, die auch nach der französischen Systematik als topomorphe Vertisols ausgegrenzt werden (s. Abb. 20). Es sind relativ "junge" Böden, die zwar schon die vertischen Eigenschaften des Schrumpfens und Quellens haben, aber noch recht viel unvollständig verwittertes Ausgangsgestein enthalten. Entsprechend hoch sind die Gehalte an Schluff und Feinsand, aber auch an Gesteinsgrus. Dadurch werden die physikalischen Eigenschaften der Böden im Hinblick auf den Wasser- und Lufthaushalt sicherlich sehr verbessert. Das in Abb. 34 dargestellte Bodenprofil C4-4 zeigt einen bolbuonli genannten Vertisol/vertic Cambisol, der auf Schiefer entstanden ist. Der Vertisol in der untenstehen-

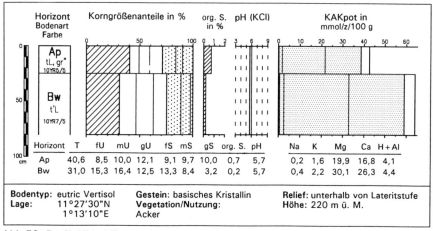

Abb 59 Profil P7 bei Tanbarga (bolbuonli)

den Abb. 51 ist auf basischem Kristallingestein bei Tanbarga im nördlichen Vorland des Madjoari-Massivs entwickelt.

Tinbisimbili (auch tintabili) bedeutet klebriger Boden. Es ist ebenfalls ein vertisolartiger Boden ("bricht beim Trocknen auf"), der sich durch seine Klebrigkeit auszeichnet, die so beschrieben wird: "Den Boden kann man bei Regen nicht mit dem Fahrrad befahren oder mit Schuhen betreten. Selbst barfuß muß man alle paar Schritte innehalten, um das klebrige Bodenmaterial von den Füßen abzustreifen. Die Hirse wächst dort sehr gut, aber der Boden ist sehr schwer zu bearbeiten". Die genannten Schwierigkeiten sind vor allem im Hinblick auf die zeitliche Einteilung der Arbeit bedeutsam. Für die Aussaat muß ein Zeitpunkt gewählt werden, wo der Boden schon so weit durchfeuchtet ist, daß man ihn überhaupt bearbeiten kann, oberflächlich muß er aber soweit abgetrocknet sein, daß man ihn betreten kann. Ein günstiger Zeitpunkt ist also einige Zeit nach dem Einsetzen der ersten Regenfälle, wenn die Niederschläge für ein paar Tage aussetzen. Ein als tinbisimbili beschriebener Boden ist das Profil C10-1 (Abb. 49), das nahe Yobri auf Amphibolit aufgenommen wurde.

9.4 Standortklassifikation nach Reliefposition und Wasserhaushalt

Eine Unterteilung der reliefgebundenen Standorte in eher feuchte und eher trockene dürfte weitgehend mit der Zuordnung von weißen und schwarzen Böden, wie sie die Gulmancé vornehmen, übereinstimmen. Die feuchten Böden sind, mit Ausnahme einiger Staunässeböden, an tiefere Lagen wie Bas-fonds und Bachläufe gebunden. Im Bereich der Lateritebenen ist ihre Verbreitung sehr kleinräumig, auf der Bodenkarte von BOULET & LEPRUN (1969) wurden sie nicht auskartiert.

Im folgenden werden zunächst die eher feuchten Standorte vorgestellt und im Anschluß daran Standorte, die eher von zu großer Trockenheit bedroht sind. Letztere finden sich vor allem auf den Lateritebenen, so z. B. im Gebiet zwischen Diapaga, Namounou und Kaabougou.

9.4.1 Baagu (Bas-fond)

Baagu ist das Gulmancé-Wort für die typischen Flachmuldentäler (Bas-fonds) ohne eigentliches Gerinnebett, in denen während der Regenzeit mehrere Monate lang das Wasser stehen bleibt. Seit die Gulmancé den Anbau von Naßreis betreiben (erst seit wenigen Jahrzehnten), sind die Bas-fonds begehrte Anbaustandorte. Zuvor galten sie als nicht bebaubares Land (SWANSON 1979b:7; vgl. auch GEIS-TRONICH 1991:34). Interessanterweise kennen die Gulmancé jedoch eine wilde Reisart, die ihnen auch in der Trockenzeit die Ausdehnung eines Bas-fonds anzeigt. Für den Reisanbau stellt sie übrigens ein Problem dar, da sich die jungen Pflanzen kaum voneinander unterscheiden, und der wilde Reis daher nur schwer zu jäten ist. Im Bereich der Chaîne sind die Bas-fonds immer sehr sandig, schließlich werden sie zu einem Großteil von Wasser aus dem Sandsteinmassiv gespeist. Dennoch ist bekannt, daß im Untergrund dichtes, toniges Material vorhanden ist. Die Bas-fonds können noch nach Farben unterschieden werden. So bedeutet **baapieni** weißer Bas-fond. Abb. 60 zeigt das Bodenprofil von einem baapieni in Yobri.

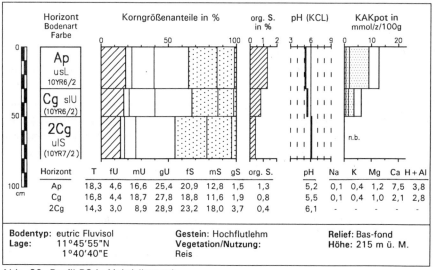

Abb. 60 Profil P8 in Yobri (baagu)

Neben dem Anbau von Reis nutzen die Gulmancé die Bas-fonds durch die Entnahme verschiedener Baustoffe. In Tambaga erfolgt, wie schon beschrieben, der Abbau von tonigem Vertisol-Material zum Töpfern. Des weiteren werden aus Bas-fonds zwei Materialien als Innenputz für die Häuser entnommen. Es sind ein "schwarzer" (bualgu) und ein "weißer" (tanbipiema) Verputz. Die wörtliche Übersetzung des letzteren ist "weißer Sand", und in der Tat ist es ein sehr sandiger Lehm, der hier zum Verputzen Verwendung findet. **Bualgu** ist ein vermutlich Manganoxid-haltiges und daher dunkles

Material, das nach dem Trocknen an der Wand eine hellgraue Farbe bekommt. Das Aufbringen dieses Putzes kann rituelle Gründe haben. Wenn beispielsweise in einem Raum ein Mensch gestorben ist, dann dient der Putz dazu, die "Verunreinigungen" durch den Verstorbenen zu beseitigen und den Raum wieder bewohnbar zu machen.

Wenngleich die Bas-fonds also früher als nicht bebaubares Land galten, so wurden sie doch - als Rohstofflieferant - intensiv genutzt. Hierfür sind sie auch aus folgenden grundsätzlichen Erwägungen gut geeignet: In den Bas-fonds sind die Böden nach der Regenzeit am längsten gut durchfeuchtet, was den Abbau und die Verarbeitung der Materialien sehr erleichtert. Dies ist insofern günstig, da handwerkliche Arbeiten nur in der Trockenzeit ausgeführt werden. Während der Regenzeit wird jegliche Arbeitskraft auf den Feldern benötigt.

9.4.2 Buanbalgu (Standort am Bach)

Das Wort heißt soviel wie Bach-Nähe und bezeichnet die Standorte entlang von Gerinnebetten, die wegen ihres guten Wasserhaushaltes äußerst beliebt sind. "Die Böden bekommen immer Wasser von dem Bach, ohne daß das Wasser lange auf dem Feld steht". Eine andere Formulierung lautet: "Solange das Wasser nicht heftig über die Ufer tritt, ist der Boden sehr gut". Das größte Unbill bei solchen Feldern ist also ein Hochwasser, das die jungen Pflanzen verspült. Auf diesen Standorten kann man fast alles anbauen, wenn die Sedimente sehr fruchtbar sind, sogar Mais. Nur für Erdnüsse eignen sich die Standorte nicht, da diese bei zuviel Feuchtigkeit Blätter statt Nüsse produzieren.

Auch SWANSON (1979b:6) beschreibt "boambala (land bordering edge of stream)" als hochgeschätzte Standorte, die nur noch begrenzt verfügbar seien. Auf ihnen würden die meisten Anbaufrüchte gut gedeihen, vor allem das beliebte Sorghum, Maniok, Süßkartoffeln und Tabak. Bisweilen würden sich die Uferbereiche sogar zur Anlage von Obst- und Gemüsegärten während der Trockenzeit eignen. Das bei Tambaga aufgenommene Profil C9-3 (Abb. 47) wurde als typischer buanbalgu-Standort bezeichnet.

9.4.3 Pugu (Staunässeboden)

"Ku pugu ist ein Boden, der sehr gute Erträge bringt, wenn nur geringe Niederschläge fallen. Bei sehr ausgiebigen Regenfällen hingegen kann es passieren, daß das Wasser förmlich aus dem Boden quillt. Dann geht die ganze Saat kaputt." So oder ähnlich beschreiben die Gulmancé die Eigenschaften dieses Bodens. Wie gbanu findet er sich nur in ebener und leicht erhöhter Reliefposition, wo er nicht von Überflutungen betroffen ist. Im Gegensatz zu gbanu wird er aber eher zu den schwarzen Böden gezählt. In trockenem Zustand ist der Boden sehr hart, aber nach den ersten Regenfällen wird er weich und ist leicht zu bearbeiten. Im allgemeinen kann man pugu zehn Jahre bearbeiten, dann ist der Boden erschöpft. Wegen des besonderen Feuchteregimes stellt sich auf dem Boden im Brachestadium eine sehr charakteristische Vegetation ein, in der *Terminalia macroptera* (von den Gulmancé busikoabu genannt) die einzige Baumart darstellt (MÜLLER-HAUDE 1991). Standorte wie dieser haben für die Gulmancé eher Reservefeld-Charakter. In Jahren mit geringen Niederschlägen, wenn die allgemeine Ertragslage eher schlecht ist, helfen die hier erzielten Erträge die Speicher doch noch zu füllen. Für den Anbau werden hier vorzugsweise Sorghum-Arten (z. B. a suori-muana) genommen, die eine lange Reifezeit benötigen, da der Boden lange frisch bleibt. Schnellere Sorten würden nicht so gute Erträge bringen, weil zu große Feuchtigkeit zu Beginn das Wachstum hemmt.

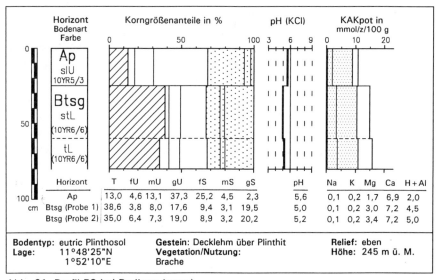

Abb. 61 Profil P9 bei Bodiaga (pugu)

Profil P9 (Abb. 61) liegt bei Boajaga in der Nähe von Kodjari. Das Feld wird seit 1988 nicht mehr bebaut, weil in jenem Jahr wegen der extrem hohen Niederschläge die gesamte Ernte verloren ging. Nach der FAO-Nomenklatur handelt es sich bei diesem Boden um einen eutric Plinthosol, bei dem über dem dichten, tonigen Plinthit, der den Staukörper darstellt, eine nur 25 cm mächtige schluffig-sandige Deckschicht liegt, in der der Ap-Horizont ausgebildet ist. Die von den Gulmancé beschriebenen Eigenschaften und das Bodenprofil passen gut zusammen: der tonige Plinthit staut das einsickernde Wasser und hält es somit pflanzenverfügbar. Sind die Niederschläge jedoch zu hoch, wird das Wasser praktisch bis zur Oberfläche gestaut, was dann zum Verfaulen der Saat führt. "Selbst wenn die Hirse schon gekeimt hat, werden dann die Pflanzen gelb und gehen ein".

Ähnliche Standorte sind pugitambima (sandiger Staunässeboden), wo ein mächtigerer sandiger Oberboden eine deutliche Standortverbesserung bewirkt und lubigu (s. Abschnitt 9.3.4), der hingegen die negativen Eigenschaften von lubili und pugu in sich vereinigt.

9.4.4 Gbanu (Lateritebene)

U gbanu ist zumindest soweit erhöhtes Gelände, daß es nicht überschwemmt werden kann. SWANSON (1979b:7) beschreibt das "relief feature" als "to the eye unusually flat". Der Oberflächenabfluß vollziehe sich hier langsam, und manchmal könne man beobachten, daß das Niederschlagswasser recht schnell versickere. Mit dieser Reliefposition sind folgende Bodeneigenschaften verknüpft: Die Böden sind in der Regel weiß und relativ hart, vor allem, wenn sie trocken sind. "Die Erträge hängen ganz von den Niederschlägen ab. Je mehr es regnet, desto besser wird die Ernte. Bei sehr hohen Niederschlägen können die Erträge sogar besser sein als auf schwarzen Böden". Dafür kann es bei gbanu passieren, daß die Hirse verdorrt, bevor sie ausgereift ist, denn unter der Bodenschicht befindet sich die Lateritkruste. Der Begriff gbanu wird ähnlich wie tinpienga in zweierlei Weise verwendet. Ganz allgemein beschreibt er die Lateritebenen, auf denen sich die Böden je nach Mächtigkeit und Textur des Decklehms unterscheiden. Im engeren Sinne bezeichnet gbanu genau solche Standorte, wo die Decklehmmächtigkeit gerade ausreicht, um einen Anbau zu gestatten und der Boden auch sonst keine besonderen Merkmale, wie z. B. hohen Pisolith- oder Tongehalt, hat, die die Anbaumöglichkeiten modifizieren. Das Profil P10 (Abb. 62) ist danach ein Beispiel für gbanu im engeren Sinne. Geackert wird hier in einer nur 25 cm mächtigen Lehmdecke, darunter kommt schon die kompakte Lateritkruste. Diese ist, ganz im Gegensatz zum Plinthit, ausgesprochen klüftig und wasserwegsam. Die Hirse ist also auf das in der Lehmdecke gespeicherte Wasser angewiesen, da das Wasser, welches durch die Lateritkruste versickert, für sie nicht verfügbar ist. Nun wird auch verständlich, warum an einem solchen Standort das zweiwöchige Ausbleiben der Niederschläge während wichtiger Wachstumsphasen ausreicht, die Hirse verdorren zu lassen.

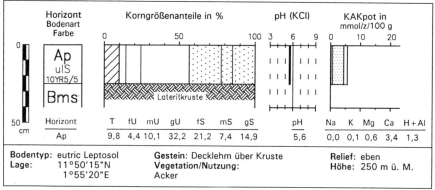

Abb. 62 Profil P10 südöstlich von Kodjari (gbanu)

9.4.5 Tialu (Standort auf Laterit ohne Gehölzpflanzen)

Tunga und tialu gelten als nicht anbauwürdiges Land, weil die Lehmdecke über der Lateritkruste zu geringmächtig ist. Die Gulmancé unterscheiden sie anhand der Vegetation: Während tialu Flächen mit einer reinen Grassavanne ohne Büsche und Bäume bezeichnet, steht tunga für eine dichte Buschvegetation, in der Gräser nur als Unterwuchs auftreten. Auf tialu wird nicht geackert, weil der Boden nicht tiefgründig genug ist, und "selbst das Gras zu welken beginnt, wenn ein paar Tage der Regen ausbleibt". SWANSON (1979b:8) beschreibt otialu als für den Anbau unbedeutendes "surface feature". Es sei eine ebene Fläche, auf der lose verstreut Lateritbrocken liegen und wo das Gras nie höher als wenige Inches wächst. Der ausgelaugte sandige Oberboden sei nur ein bis zwei Inches mächtig. Diese Beschreibung paßt gut zu der Tatsache, daß sich solche Standorte oft am Fuß von Laterit-Tafelbergen befinden, wie auch Profil P11 (Abb. 63).

Bohrungen auf tialu erbrachten meist Decklehm-Mächtigkeiten von unter 20 cm. Die Grasfluren können als Ludetia-Savannen bezeichnet werden, da *Ludetia togoensis* das vorherrschende Gras ist. Hinzu tritt meist noch *Andropogon pseudapricus* (KÜPPERS & MÜLLER-HAUDE 1992).

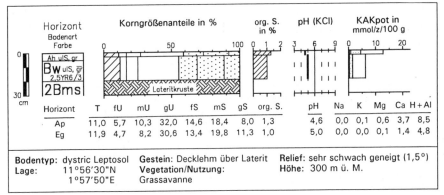

Abb. 63 Profil P11 bei Kaabougou (tialu)

9.4.6 Tunga (Standort auf Laterit mit Gehölzvegetation)

Tunga erkennt der Gulmancé an der dichten Busch-Vegetation, die regelrecht Niederwald-Charakter haben kann. Die schon erwähnte Einschätzung, es sei nicht anbauwürdiges Land gilt mit Einschränkungen. "Den Boden könnte man bebauen, wenn es viel Regen gibt". Auf die Frage, wie lange man dann auf diesem Boden anbauen könnte, wurden Zeitspannen zwischen ein und vier Jahren genannt. Nimmt man diese Aussagen zusammen, wird klar, warum die Gulmancé diese Standorte meiden. Nicht nur, daß für eine relativ kurze Anbauperiode ein recht hoher Aufwand zur Vorbereitung (Busch roden) erbracht werden muß, sondern es besteht zudem ein hohes Risiko, daß in einem Jahr die Ernte völlig ausfällt.

In einem "Wäldchen" am Fuße eines Laterit-Tafelberges bei Kaabougou (unweit vom Profil P11 der Grassavanne tialu) betrug die Decklehm-Mächtigkeit zwischen 5 und 35 cm. Darunter befand sich jedoch keine kompakte Lateritkruste, sondern ein Schutt aus Pisolithen und Krustenbruchstücken, der nicht einmal für den Pürckhauer-Bohrer ein nennenswertes Hindernis darstellte. Bei mehreren Bohrungen auf tunga in der Region von Diapaga variierte die Decklehm-Mächtigkeit zwischen 5 und 30 cm. Die Kruste darunter war immer kompakt und mit dem Bohrstock nicht zu durchteufen. Dennoch befand sich auf diesen Standorten eine vitale Vegetation. Selbst bei nur 5 cm Mächtigkeit erreichten die Bäume noch mehrere Meter Höhe. Hier muß man annehmen, daß die Lateritkruste reich an Klüften ist, die den Baumwurzeln nicht nur Halt geben, sondern den Wurzeln auch ein Eindringen in tiefere Schichten ermöglichen, wo sie ihren Bedarf an Wasser decken können. Gestützt wird diese Vermutung von Termitenhügeln, die auch an solchen Standorten ohne weiteres 2 m Höhe erreichen können. Das Profil C6-2 (Abb. 40) stellt solch ein geringmächtiges Bodenprofil dar, auf dem ein recht vitaler "Niederwald" stockt.

9.4.7 Pempelgu (nackter Boden)

Die Beschreibung dieses Bodens lautet überall gleich: "Das ist ein Boden, auf dem nichts wächst. Selbst während der Regenzeit gibt es dort keine Pflanzen". Kleinere Flächen dieser Art finden sich öfters in der Grassavanne tialu. In einer solchen Situation wurde auch das Profil C5-2 (Abb. 37) aufgenommen. Über die Ursache für den fehlenden Bewuchs kann nur spekuliert werden. Textur und Mächtigkeit des Decklehms an diesem Standort unterschieden sich kaum von dem der benachbarten Grasfläche. Die ursprüngliche Annahme, der Boden sei verschlämmt oder anderweitig verdichtet (beispielsweise durch Viehtritt) konnte zumindest durch einen Bodendünnschliff nicht bestätigt werden. Dieser zeigte eine porenreiche Textur und zahlreiche Feinwurzeln. Die Annahme, die nur 5 cm mächtige Lehmdecke trockene nach einem Regen zu schnell wieder ab und könne daher nicht von Pflanzen besiedelt werden, kann durch diesen Befund daher auch nicht gestützt werden. SWANSON (1979b:8) beschreibt "penpeligu" als "bare (bold) land", auf dem nicht einmal Gras wächst. "Even after rain, it is hard and inpenetrable".

9.5 Sonstige Standorte

Die folgenden Böden sind durch Eigenschaften gekennzeichnet, die sich nicht in die bisherigen Gruppierungen einfügen lassen (z. B. Härte, Salzgehalt). In allen Fällen sind es Böden, die keine landwirtschaftliche Bedeutung haben. Ihr Auftreten ist an besondere geologische und geomorphologische Voraussetzungen gebunden und ihre Verbreitung ist so gering, daß sie auch auf der Bodenkarte nicht ausgewiesen sind.

9.5.1 Lianli (Salzboden)

Li lianli ist das Gulmancé-Wort für Salzboden. Solche Standorte sind zwar nicht häufig, aber allen Gulmancé bekannt (vgl. SWANSON 1979b:12). Sie werden von Tieren aufgesucht, von Haustieren ebenso wie von Antilopen, die hier ihren Salzbedarf dekken. Im Nationalpark Arli beispielsweise war ein solcher Standort über mehrere Quadratmeter aufgewühlt und wies zahlreiche Spuren von Tieren auf. Für den Anbau eignen sich diese Bereiche nicht, weil "die Hirse nach einiger Zeit aussieht, als wäre sie verbrannt". Das Profil P12 (Abb. 64) stammt aus Yobri, wo es während der Regenzeit auf einer flachen Erhebung zwischen zwei Bas-fonds aufgenommen wurde. Die K- und Na-Anteile an der Austauschkapazität sind deutlich höher als bei den sonst weit verbreiteten Böden, wo sie oft im Bereich des gerade noch Meßbaren liegen. Da gerade im Ahn-Horizont die erhöhten Werte gemessen wurden, liegt die Vermutung nahe, daß aszendente Wässer im Boden beim Verdunsten an der Oberfläche die gelösten Salze zurückgelassen haben, wodurch es zur Anreicherung kam (s. auch folgenden Abschnitt).

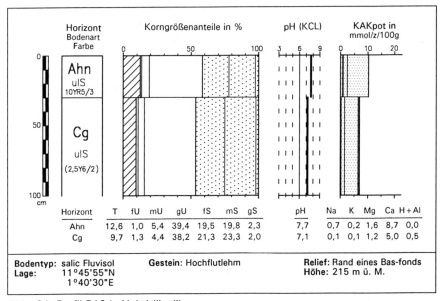

Abb. 64 Profil P12 in Yobri (lianli)

9.5.2 Kpamkpagu (Solonetz)

Die Standortbezeichnung stammt aus Madaaga, und nur hier konnten die nachfolgenden Bodenprofile erbohrt werden. Die Tatsache, daß sich in der Umgebung von Maadaga zwei solche Standorte fanden, auf die die recht präzisen Beschreibungen der Gulmancé zutrafen, belegt, daß es sich um echte Standorte und nicht etwa um Flurnamen handelt. Großflächige Vorkommen sind es jedoch nicht und auch SWANSON (1979b) beschreibt keine derartigen Standorte.

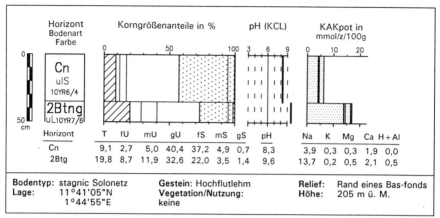

Abb. 65 Profil P13 südlich von Madaaga (kpamkpagu)

Kpamkpagu wurde als Boden beschrieben, der für den Anbau zu hart und zu salzhaltig ist. Selbst in der Regenzeit wächst nur spärlich Vegetation darauf. Die Profilaufnahme war mit Schwierigkeiten verbunden: zwei Bohrungen ließen sich nur bis 30 bzw. 50 cm Tiefe niederbringen (Abb. 65). Trotz der fortgeschrittenen Regenzeit war der Boden im unteren Profilteil völlig trocken. Im nur wenige Meter entfernten Basfond, in dem Reis angebaut war, stand hingegen das Wasser. Eine weitere Bohrung an dem anderen Standort in etwa 2 km Entfernung brachte ein ähnliches Ergebnis. Trotz geringen Tongehalts (8,2 % im Oberboden) war der Boden völlig trocken und verhärtet. Der Na-Gehalt nahm vom Oberboden bis in 50 cm Tiefe von 0,9 auf 3,3 mmol/z/100 g Boden zu. Die Gründe, warum in dieser Region Solonetzböden entwickelt sind, wurden bereits an anderer Stelle diskutiert (Abschnitt 7.6). Vermutlich werden die hohen Na-Gehalte von Wässern, die in tektonischen Zerrüttungszonen aufsteigen, aus dem kristallinen Sockel herbeigeführt. Bodenverschlämmung verhindert das Eindringen der Niederschlagswässer, die die Kationen in Lösung abführen könnten, so daß es zur Anreicherung der Kationen kommt.

9.5.3 Muanli ("Das Rot")

Für die Gulmancé bezeichnet **li muanli** keinen Bodentyp, sondern ein Material. Der kräftig rot gefärbte Lehm (z. B. 5YR4/4) wird als Farbe verwendet. Beispielsweise werden die heranwachsenden Männer bei den Zirkumzisionsfeierlichkeiten damit angemalt. Da das Vorkommen des roten Lehms ausgesprochen selten und an ungünstige Reliefpositionen gebunden ist, hat er für die Landwirtschaft keine Bedeutung. Ein derartiges Rotlehmprofil ist in Abb. 50 (Profil C10-1) dargestellt.

9.6 Zusammenfassung der Standortbewertung durch die Gulmancé

Standorte, die eine lang anhaltende Durchfeuchtung des Bodens gewährleisten, ohne jedoch von Überschwemmungen bedroht zu sein, sind für die Gulmancé die gefragtesten Anbaustandorte. Hierzu gehören die kleinen, tinbuooli genannten Geländedepressionen ebenso, wie die Felder im Bereich untergeordneter Entwässerungslinien (fuanu) oder im Randbereich größerer Gerinne (buanbalgu). Selbst in sehr ebenem Gelände beachten die Gulmancé bei der Anlage von Feldern noch geringste Reliefunterschiede. Entsprechend gelten ihnen schwarze Böden (tinbuanli) im Vergleich zu den weißen (tinpienga) und roten Böden (tinmuanga) als die fruchtbaren, denn ihr Vorkommen ist in der Regel an die genannten Tieflagen gebunden. Die dunklere Farbe der Böden ist leicht auf die höheren Gehalte an organischer Substanz im Oberboden zurückzuführen. Seit der Einführung des Reisanbaus sind auch die regelmäßig überfluteten Bas-fonds (baagu), die zuvor ausschließlich durch die Entnahme von Baustoffen genutzt wurden, gesuchte Anbaustandorte.

In den Vorländern der Chaîne de Gobnangou treten durch günstige Bodenfeuchte gekennzeichnete Standorte besonders häufig auf, da die Gebiete von dem zusätzlichen Wasserabfluß aus dem Sandsteinmassiv profitieren. Es sind die Bereiche, die auf der Bodenkarte (Abb. 20) als hydromorphe Böden ausgewiesen sind. Die SPOT-Szenen erlauben eine bedeutend differenziertere Betrachtung: Besonders intensiv genutzt sind die Gebiete mit vielen Bas-fonds und kleineren Gerinnen. Eine praktisch flächendeckende Feldnutzung zeigt sich im nördlichen Sandsteinvorland von Tindangou über Yobri und Tambaga bis hin nach Pentenga, ein Gebiet, das auf topographischen Karten (s. Kartenbeilage) durch eine Vielzahl von Gerinnebetten ausgezeichnet ist. Gleiches gilt für das südliche Vorland, wo der unmittelbare Rand des Sandsteinzuges einer nahezu flächendeckenden Feldbaunutzung unterliegt, die sich entlang von Bächen auch bis in das 10 - 12 km entfernte Vorland zieht. Die Niederungen der größeren Flüsse werden nicht genutzt.

Ein weiterer Grund für die bevorzugte Nutzung gerade der stufennahen Gebiete ist der hohe Sandgehalt der Böden. Die dort vorherrschenden tinpienga und tinmuanga genannten Böden (meist Lixisols oder Acrisols) haben einen sehr guten Wasserhaushalt. Sand- und Grobschluffgehalte von zusammen meist über 80 % erlauben eine gute Infiltrationsrate auch bei kurzzeitigen Starkregen. Die Tongehalte der Böden steigen von oft unter 10 % im Ap auf 20 - 30 % im Bt-Horizont an, wobei der größte Tongehalt in etwa einem Meter Tiefe erreicht wird. Die Stauwirkung, die von dem Bt-Horizont ausgeht, schlägt sich in den gelegentlich auftretenden Pseudovergleyungsmerkmalen der Böden nieder. Besonders im nördlichen Vorland ist dies zu beobachten, wo von dem vertonten unterlagernden Kristallin eine zusätzliche Stauwirkung ausgeht. Das hohe Porenvolumen im Oberboden ermöglicht daher eine langfristige Wasserversorgung der Kulturpflanzen, die weitgehend unabhängig von Niederschlagsmenge und -verteilung während der Regenzeit ist. Ebenfalls ein Gunstfaktor dieser Region ist das Vorkommen von (lithomorphen) Vertisols bzw. vertic Cambisols (bolbuonli und tinbisimbili), die die Gulmancé gerne bebauen, weil sie eine große Nährstoffkapazität besitzen und eine lang anhaltende Wasserversorgung gewährleisten. Die im nördlichen Vorland auf basischem Kristallin und im südlichen auf Schiefer entwickelten vertischen Böden sind meist "junge" Böden, d. h. Böden, die einen recht hohen Anteil an gröberem Material haben, das noch nicht von der Verwitterung erfaßt worden ist. Bei Tongehalten von 30 - 50 % betragen die Gehalte an Sand und Grobschluff in allen Proben zwischen 35 und 45 %. So sind die Böden zwar schwer zu bearbeiten, haben aber nicht die bekannten ungünstigen Eigenschaften hinsichtlich des Wasser- und Lufthaushaltes, wie sie beispielsweise topomorphe Vertisols mit über 70 % Ton aufweisen.

Weniger gute Standorte sind durch Böden charakterisiert, die nur unter bestimmten Niederschlagsbedingungen gute Erträge gewährleisten. Ein Boden, der gerade bei geringen Niederschlägen sehr gute Erträge gestattet, ist der Staunässeboden pugu. Dagegen kann es in niederschlagsreichen Jahren zum völligen Ernteausfall auf dem vernäßten Boden kommen. Ein mächtiger sandiger Oberboden über dem Staunässebildner bedeutet hier eine Standortverbesserung (pugitambima), wohingegen ein schluffiger Oberboden etwas schlechtere Standorteigenschaften bedingt. So ist das relativ geringere Porenvolumen von lubigu ebenso schnell wasserentleert wie überstaut, so daß die Pflanzen gleichermaßen von Dürre wie von Fäulnis bedroht sind. Den von eher zu großer Feuchtigkeit bedrohten Böden stehen eine ganze Reihe von Standorten gegenüber, bei denen im Fall geringer oder ungünstig verteilter Regenfälle die Kulturpflanzen Trockenschäden erleiden. Es sind vor allem die weit gespannten Lateritebenen, die recht unterschiedliche, aber oft geringmächtige Böden tragen. Während gbanu mit einer Lehmdecke von wenigen Dezimetern als gerade noch anbauwürdig gilt, werden tunga und tialu nicht bebaut. Bei beiden ist die Lockermaterialdecke über dem Laterit zu geringmächtig. Tialu trägt als Vegetation reine Grasgesellschaften, tunga hingegen wird von einer dichten Buschvegetation bestanden. Die Ursache für den Unterschied dürfte eine größere Klüftigkeit des Laterits bei tunga sein, die den Wurzeln der Bäume Leitbahnen in den wasserreicheren Untergrund sind. Sobald die Bodendecke über dem Laterit mächtig genug ist, daß ihre Wasserspeicherfähigkeit nicht mehr zum ertragslimitierenden Faktor wird, werden die Böden nach anderen, für den Anbau relevanten Faktoren benannt. Meist ist es die Textur, die dann ausgedrückt wird, und die die Wahl der Anbaufrucht entscheidend beeinflußt. Schluffige Böden (tinlubili) sind zwar fruchtbarer als steinige (pisolithhaltige) Böden (tancaga), eignen sich aber nicht zum Anbau von Erdnüssen.

So stehen den Böden, die die Gulmancé als gute Böden bezeichnen, weil sie unabhängig von der Ausprägung der Regenzeit sichere Erträge gewährleisten (tinpienga, bolbuonli), Böden gegenüber, auf denen eine ungünstige Niederschlagsverteilung und -menge - sei es zuviel oder zuwenig - zu Ernteeinbußen bis hin zum völligen Ernteausfall führen können. Felder auf solchen Standorten haben oft Reservefeld-Charakter. Zeigen sich die Niederschlagsverhältnisse günstig für einen bestimmten Standort, kann das Kultivieren des jeweiligen Feldes intensiviert werden, um höhere Erträge zu erlangen. Andernfalls vernachlässigt man das Feld, um auf einem anderen Standort den Ertrag durch Kultivierungsmaßnahmen zu steigern.

Vor diesem Hintergrund wird deutlich, warum der Bodenfruchtbarkeit eine untergeordnete Bedeutung beigemessen wird: sie ist kalkulierbar. Die genaue Kenntnis der Anbaustandorte sowie die Verfügbarkeit einer Vielzahl von Hirsearten, die an unterschiedliche Standortverhältnisse angepaßt sind, erlauben den Gulmancé eine weitestgehende Ertragssicherheit, wie sie für die Subsistenzwirtschaft unabdingbar ist.

10 Zusammenfassung

Aufgabe für die vorliegende Arbeit war es, in der Region von Gobnangou das Geopotential zu erfassen, das die naturräumliche Basis für die dort lebenden Gulmancé bildet. Während die Vorländer des Sandsteinzuges auffällig dicht besiedelt sind, liegt die Siedlungsdichte in den angrenzenden Gebieten weit unter dem Landesdurchschnitt. Wirtschaftliche Grundlage der dort lebenden Gulmancé ist der in Subsistenzwirtschaft betriebene Wanderfeldbau, bei dem weder Pflug noch Kunstdünger eingesetzt werden. Wichtige geodeterminierte Siedlungsfaktoren sind daher ertragsfähige Böden und eine ganzjährige, also auch während der siebenmonatigen Trockenzeit ausreichende Wasserversorgung. Aufgrund der geologischen Entwicklung unterscheidet sich die Region von Gobnangou in Relief, Wasserhaushalt und Böden stark von den benachbarten Regionen.

Geologisch gehört der Sandsteinzug von Gobnangou zu den Sedimentgesteinen des Volta-Beckens, dessen Zentrum in Ghana liegt. Die Sandsteinschichten werden von der Formation de Tansarga (AFFATON 1975) gebildet, die mit der Groupe de Dapaong (DROUET 1986) zu parallelisieren ist. Es sind die ältesten Sedimente des Volta-Beckens, die vor recht genau 1 Mrd. Jahren auf dem bereits deutlich reliefierten kristallinen Sockel zur Ablagerung gelangten. Vor etwa 650 Mio. Jahren wurde das Gebiet dann von der präkambrischen Vereisung erfaßt und unterlag der glazialen Überformung. In die von den Gletschern ausgeräumten Bereiche wurden anschließend die Gesteine der Pendjari-Serie, vorwiegend Schiefer und Schluffsteine, sedimentiert. Sie bilden heute den Untergrund der Pendjari-Ebene, der Beckenlandschaft im südlichen Anschluß an den Sandsteinzug. Die Basis der Pendjari-Serie bildet eine Sedimentationsabfolge Tillit-Kalkstein-Kieselschiefer, die nahe Kodjari aufgeschlossen ist. Im nördlichen Vorland hingegen bilden Gesteine des kristallinen Sockels, vorwiegend Granite und Migmatite den geologischen Untergrund.

Die präkambrische Reliefgenese beeinflußt auch die heutigen Oberflächenformen. So folgt die Anlage des rezenten hydrographischen Netzes in einigen Gebieten den glazial ausgeräumten Bereichen, da die nachfolgend abgelagerten Schiefer morphologisch weicher sind und somit leichter von der fluvialen Erosion angegriffen werden als die benachbarten Sandsteine. Auch der Arli erlangt zwischen den Sandsteinmassiven von Madjoari und Gobnangou Zutritt in die Pendjari-Ebene, ohne sein Bett durch den Sandstein graben zu müssen.

Deutlichen Einfluß auf die Oberflächenformen hat die tektonische Beanspruchung des Gebietes ausgeübt, die von der östlich an das Volta-Becken angrenzenden zentralafrikanischen Mobilitätszone ausging. Die beiden Hauptkluftrichtungen verlaufen NW-SE und SSW-NNE. Ihnen folgen tief eingeschnittene Tälchen in dem Sandsteinzug, die oft noch in den Vorländern durch den Verlauf von Gerinnebetten fortgesetzt werden. In SSW-NNE-Richtung verläuft auch eine größere Verwerfung, entlang der die Schiefer der Pendjari-Serie verstellt wurden. Nördlich von Kodjari sind aus den aufgestellten Schieferpartien Hügel gebildet, die die Verlängerung des Sandsteinzuges nach NE bilden.

Die heutigen Oberflächenformen in dem Gebiet sind vor allem durch weite Ebenheiten gekennzeichnet, die verschiedenen Reliefgenerationen zugeordnet werden können. Das älteste Rumpfflächenniveau wird durch einige Laterittafelberge repräsentiert, die am nördlichen Ende des Sandsteinzuges bei Kaabougou und Kodjari mit Höhen zwischen 320 und 330 m ü. M. erhalten sind. Sie sind dem endtertiären Verebnungsniveau zuzuordnen, das als "relief intermédiaire pliocène" (BOULET 1978:14) oder als "topographie cuirassée fondamentale" (BEAUDET & COQUE 1986) bezeichnet wird (vgl. RUNGE 1990b:99). Auch der Sandsteinzug unterlag wohl der endtertiären Verebnung, da sich die Plateaufläche entgegen struktureller Vorgaben dem genannten Flächenniveau zuordnen läßt. Im nördlichen Vorland reicht eine weite Lateritebene, die in einer Höhenlage von 280 - 310 m ü. M. auf dem kristallinen Sockel ausgebildet ist, bis an den Sandsteinzug heran. Das vermutlich altquartäre "glacis supérieur" (BOULET & LEPRUN 1969:17-19; vgl. RUNGE 1990b:99) bricht mit einer steilen Stufe nach Westen ab. Entlang der Stufe, die sich über viele Kilometer in NW-SE-Richtung erstreckt und bei Pentenga auf den Sandsteinzug trifft, vollzieht sich die Abtragung der Lateritebene. Im Vorfeld der Lateritstufe wird die Oberfläche von zahlreichen eingeschnittenen Gerinnebetten und der Stufe vorgelagerten Laterittafelbergen gegliedert. Mit zunehmender Entfernung von der Stufe werden die Oberflächenformen ruhiger, die Landschaft geht in eine Tiefebene über, die sich ganz allmählich von 240 m bei Tambaga bis auf 170 m ü. M. bei Arli absenkt und durch weitläufige Basfonds (Flachmuldentäler), die der saisonalen Überschwemmung unterliegen, gegliedert wird. In diesem Abschnitt erreicht die Sandsteinstufe die größten relativen Höhen, teilweise überragt sie das Vorland um über 100 m, so z. B. bei Yobri. Gegenüber dem südlichen Vorland hat der Sandsteinzug nur lokal Stufen von vergleichsweise geringer Höhe (maximal 30 - 40 m) ausgebildet. Das südliche Vorland ist Teil der Pendjari-Ebene, einer Beckenlandschaft, die durch eine monotone Ebenheit gekennzeichnet ist. Von 220 - 240 m ü. M. am Rand des Sandsteinmassivs fällt sie bis auf 170 m am Ufer des Pendjari-Flusses ab, der die Ebene ungehindert in weiten Mäandern durchfließt.

Das Sandsteinmassiv selbst ist sehr stark reliefiert. Neben den tief eingeschnittenen

141

Tälchen, die den tektonischen Schwächezonen folgen, waren offensichtlich Lösungsvorgänge bei der Schaffung der unterschiedlichen Becken und Mulden beteiligt, die die Sandsteinhochfläche gliedern. Es gibt praktisch keine Felswand, die nicht Karren, Schichtfugenhöhlen oder andere Zeugnisse der Lösungsverwitterung aufweist (vgl. SEMMEL 1991:67). Dünnschliffe von Sandsteinproben zeigen, daß die Quarzkörner zur Gesteinsoberfläche hin oftmals korrodiert sind. Wegen der großen Konvergenz der Oberflächenformen zum Karstformenschatz und dem damit in Zusammenhang stehenden außergewöhnlichen Wasserhaushalt wird der Begriff Sandsteinkarst zur Kennzeichnung des Formenschatzes verwendet (vgl. SPONHOLZ 1989). Als Unterbegriff von Silikatkarst verstanden, weist er auf die von der Kalksteinlösung abweichenden Lösungsvorgänge ebenso hin wie auf die Strukturgebundenheit der geschaffenen Oberflächenformen. In "sandstone karst" und "karst grèseux" hat er eindeutige Entsprechungen im englischen und französischen Sprachgebrauch (JENNINGS 1983; MAINGUET & CALLOT 1975; DEMANGEOT 1985).

Der außerordentlich günstige Wasserhaushalt des Sandsteinzuges manifestiert sich in einigen Bächen, die ihn entwässern, und die nahezu ganzjährig Wasser führen. Selbst gegen Ende der Trockenzeit sind hier in den Gerinnebetten zahlreiche Wasserstellen anzutreffen, in deren Umfeld eine üppige Vegetation die ganzjährige Wasserversorgung belegt. Offensichtlich kann der Sandsteinblock während der Regenzeit große Mengen des Niederschlagswassers aufnehmen, die dann wegen seiner erhabenen Reliefposition und dem unterlagernden Kristallingestein oberflächennah zur Verfügung stehen. Es ist zu vermuten, daß neben einem hohen Porenwasserspeicher in dem Sandstein sanderfüllte lösungsbedingte Hohlraumverbände zur Speicherfähigkeit beitragen. Einen wichtigen Beitrag leisten auch die sandigen Böden, die den oberflächlichen run-off reduzieren und gute Infiltrationsraten gewährleisten. Dem Relief unter dem Kristallin ist es zu verdanken, daß beide Vorländer - und nicht nur das südliche infolge des Schichtfallens - von dem Wasserabfluß profitieren. Denn das Kristallin unter dem Sandstein steigt zunächst nach SE zum Beckeninneren an, um dann relativ steil unter den jüngeren Sedimenten abzutauchen. Nur so ist zu erklären, daß eine Schichtquelle an der Grenze Sandstein Kristallin die dortige Missionsstation bei Tambaga ganzjährig mit Wasser versorgt. Aber auch innerhalb des Sandsteinmassivs erlaubt das Wasserangebot in einigen intramontanen Ebenen eine ganzjährige Besiedlung. Daher unterliegen die tiefgründigen Böden dort der intensiven Nutzung, und in den Gärten entlang der Bäche werden verschiedene Gemüse und Obstsorten, bis hin zu Bananen, angebaut.

Die Bodenverhältnisse im Umkreis des Sandsteinzuges betrachten die Gulmancé als günstig. Grundsätzlich unterscheiden sie rote, weiße und schwarze Böden (tinmuanga, tinpienga und tinbuanli). Mit dieser Unterscheidung sind Einschätzungen bezüglich der Fruchtbarkeit und zum Teil auch der Reliefposition verbunden. Die roten Böden gelten als relativ nährstoffarm, sie lassen nur vergleichsweise kurze Anbauperioden zu. Die schwarzen Böden hingegen sind die ertragreichsten. Die Bodenfarbe kann auch herangezogen werden, um die Standortverhältnisse in bestimmten Regionen zu kennzeichnen. Danach werden im Umkreis des Sandsteinzuges verschiedene Teilräume unterschieden. Weiße Böden herrschen am Südrand des Sandsteinzuges, vor allem in der Umgebung der Ortschaften Madaaga und Logobou vor. Sie werden nach NE, in der Region von Kodjari von schwarzen Böden abgelöst. Auf der anderen Seite des Sandsteinzuges, in dem Gebiet zwischen Yobri, Tambaga und Namounou sind wiederum die schwarzen Böden vorherrschend. Diese Regionalisierung der Bodenverhältnisse läßt sich sehr gut mit den geologischen Verhältnissen zur Deckung bringen. Während sich in den sandigen Deckschichten des südlichen Vorlandes vorwiegend hell gefärbte Acrisols und Lixisols entwickelt haben, sind im Vorfeld der Schieferhügel bei Kodjari vor allem dunkle Vertisols und vertic Cambisols verbreitet. Auf der Lateritebene im nördlichen Vorland sind es hell gefärbte Böden, die im Decklehm über der Kruste entstanden sind. In der Region von Tambaga, Namounou und Yobri ist - im Vorfeld der Lateritstufe - basisches Kristallingestein (Amphibolit) freigelegt, auf dem ebenfalls Vertisols entwickelt sind.

Die im südlichen Vorland verbreiteten Acrisols und Lixisols haben in der Regel sehr sandige Oberböden (50 - 70 % Sand) bei durchschnittlichen Tongehalten von nur 10 %. Zum Bt-Horizont hin nehmen die Tongehalte meist auf 20 - 30 % zu, gelegentlich sind in den Profilen daher schwach ausgeprägte Staunässemerkmale festzustellen. Die Gulmancé schätzen die Böden (sie nennen sie tinpienga) sehr, vor allem weil sie, von der Ausprägung der Regenzeit unabhängig, sichere Erträge gewährleisten. Das durch die grobe Textur bedingte Porenvolumen erlaubt ein hohes Wasserspeichervermögen und gute Infiltrationsraten. Die Kulturpflanzen sind daher auch bei extremen Niederschlagsverhältnissen weder von zu großer Vernässung noch von Dürreschäden bedroht. Für den Feldbau ist weiterhin von Vorteil, daß die Böden leicht zu bearbeiten sind und sich auch für den Anbau von Erdnüssen eignen, die sich in dem sandigen Substrat leicht ernten lassen. Für diese Vorteile nehmen sie relativ kurze Anbauperioden von durchschnittlich sieben Jahren in Kauf, die durch die nur mäßige Nährstoffversorgung bedingt werden. Die Austauschkapazitäten der Böden betragen meist deutlich unter 10 mmol/z/100 g Feinboden.

In der nordöstlich angrenzenden Region nahe Kodjari haben sich am Fuß der Schieferhügel Vertisols bzw. vertic Cambisols entwickelt. In Anlehnung an die französische Nomenklatur (vgl. BOULET & LEPRUN 1969) können die Böden als lithomorphe Vertisols bezeichnet werden, da ihre Entstehung an den Mineralbestand des Ausgangsgesteins gebunden ist. Gegenüber den topomorphen Vertisolen haben sie den Vorteil geringerer Tongehalte (30 - 50 %) und höherer Anteile in den Sand- und Grusfraktionen. Dadurch haben sie bessere Eigenschaften hinsichtlich des Wasser- und Lufthaushaltes. Die Gulmancé nennen die Böden "bolbuonli" und "tinbisimbili". Neben den Tongehalten (der "Klebrigkeit") und der dunklen Farbe sind die Schrumpfrisse in der Trockenzeit für sie Erkennungsmerkmale der Böden. Sie schätzen an ihnen die hohe Fruchtbarkeit, die von den Niederschlagsverhältnissen weitgehend unabhängig ist und Anbauphasen von 15 - 20 Jahren ermöglicht. Zudem eignen sich die Böden für den Anbau des anspruchsvolleren Sorghum.

Das Gebiet der Lateritebene im nördlichen Vorland des Sandsteinzuges ist ebenfalls durch eine extreme Ebenheit gekennzeichnet, die auch durch die vergleichsweise wenigen Gerinne, die es entwässern, kaum Abwechslung erfährt. Die Böden dieser Region sind überwiegend in einer allochthonen Deckschicht auf der Lateritkruste entstanden, die nach SEMMEL (1991:39) als Decklehm bezeichnet wird. Die Standortqualitäten variieren hier vor allem je nach Textur und Mächtigkeit des Decklehms. Letztere liegt in der Regel unter einem Meter, wobei sie kleinräumig starken Schwankungen unterliegt. Grundsätzlich ist jedoch eine Zunahme der Mächtigkeit von den Wasserscheidenbereichen zu den Gerinnebetten hin festzustellen. Mit zunehmender Mächtigkeit weisen die Bodenprofile eine Differenzierung in einen tonärmeren Oberboden und einen tonreicheren Unterboden auf, so daß sie ebenfalls je nach Basensättigung als Acrisols bzw. Lixisols angesprochen werden. Die geringmächtigen Böden (Leptosols) eignen sich nicht zum Anbau, da hier schon das Aussetzen der Niederschläge für einige Tage zum Verdorren der Hirse führt. Solche Standorte erkennen die Gulmancé schon an der Vegetationszusammensetzung. Während tialu reine Grasfluren auf der dünnen Lehmdecke bezeichnet, sind mit tunga Standorte gemeint, die eine dichte Buschvegetation tragen, weil eine zerklüftete Lateritkruste unter der dünnen Lehmdecke es den Pflanzen erlaubt, mit ihren Wurzeln in tiefere Horizonte zu gelangen. Tiefgründigere Böden unterscheiden die Gulmancé anhand der Textur. Tintancaga werden Böden genannt, die in pisolithreichen Schichten entstanden sind (Regosols). Da der Pisolithgehalt bei dem ansonsten recht tonigen Feinboden eine Strukturverbesserung bedeutet, die eine bessere Durchfeuchtung während der Regenzeit gewährleistet, werden die Böden nicht ungerne bebaut, auch wenn die Nährstoffversorgung nur kurze Anbauperioden von 4 - 5 Jahren gestattet. Schluffreiche Böden heissen tinlubili. Im Gegensatz zu den vorgenannten Böden eignen sie sich nicht zum Anbau von Erdnüssen, sie können jedoch etwas länger bebaut werden. Die Erträge sind desto besser, je ergiebiger die Regenzeit ausfällt.

Den dürregefährdeten Standorten im Bereich der Lateritebenen stehen Böden gegenüber, bei denen eher zu große Staunässe zu Ernteeinbußen führen kann. Staubildner können - dort, wo die Lateritkruste aussetzt - Plinthitschichten sein (Plinthosols) oder sehr tonige Decklehmlagen (Planosols). Die Gulmancé nennen solche Standorte pugu. Hierbei unterscheiden sie noch nach der Textur des Oberbodens, wenn diese den Wasserhaushalt wesentlich verändert. Bei pugutanbima bewirkt eine sandige Deckschicht die Herabsetzung der Staunässegefahr, wohingegen lubigu die ungünstigen Eigenschaften von pugu und tinlubili in sich vereinigt. Sowohl zu geringe, wie auch zu reichliche Niederschläge können hier die Erträge dezimieren. Neben Gründigkeit und Textur der Böden beachten die Gulmancé daher bei der Anlage von Feldern auch die geringsten Reliefunterschiede, da es bei vielen Böden von entscheidender Bedeutung ist, ob ein Standort Sammelstelle für Oberflächenabfluß ist oder nach dem Regen sofort wieder abtrocknet.

Im westlich angrenzenden Gebiet unterhalb der Lateritstufe sind die Boden- und Standortverhältnisse je nach Reliefposition und Ausgangsgestein der Bodenbildung sehr unterschiedlich. In dem stärker reliefierten, weil durch zahlreiche Gerinnebetten und Bas-fonds gegliederten Gebiet haben sich die Böden teils im verwitterten Kristallingestein, teils in den Hochflutablagerungen entlang der zahlreichen Gerinne entwickelt. Auf den Amphiboliten im Dreieck Yobri, Tambaga und Namonou sind es wiederum lithomorphe Vertisols, die von den Gulmancé gerne genutzt werden. Die Hochflutablagerungen entlang der zum Teil recht tief eingeschnittenen Gerinne gelten ebenfalls als gute Standorte (buanbalgu), die gut durchfeuchtet sind, ohne lang anhaltenden Überflutungen zu unterliegen. Je nach Herkunftsgebiet der Ablagerungen können diese recht fruchtbar sein. Unterhalb der Sandsteinstufe sind vielfach Staunässeböden anzutreffen, da hier sandige Deckschichten von dem vertonten Kristallin unterlagert werden. Auch diese Standorte unterliegen einer intensiven Nutzung. Seit der Einführung des Naßreis können auch die längerfristig unter Wasser stehenden Basfonds (baagu) landwirtschaftlich genutzt werden. So wird vor allem in den Bas-fonds, die von dem Wasserabfluß des Sandsteingebietes gespeist werden, intensiver Reisanbau betrieben. Nicht genutzt werden die weitläufigen Überschwemmungsgebiete entlang der größeren Flüsse wie Arli und Pendjari. Ein Grund mag das stark schwankende und ungewisse, weil von den Niederschlagsmengen in den Einzugsgebieten der Flüsse abhängige Ausmaß der Überschwemmungen sein, das den Anbau in den Randgebieten riskant werden läßt. In diesen Gebieten sind zudem topomorphe Vertisols weit verbreitet, die mit Tongehalten von 50 und mehr Prozent sicherlich keine guten Anbaustandorte darstellen. Heute sind diese Gebiete als Nationalparks und Wildreservate ausgewiesen, in denen agrarische Aktivitäten untersagt sind.

Insgesamt sind die Bodenverhältnisse in den Vorländern des Sandsteinzuges vor dem Hintergrund der von den Gulmancé betriebenen Feldbaumethoden als günstig zu beurteilen. In dem genannten Naturraum stehen ihnen vergleichsweise große Areale mit tiefgründigen Böden zur Verfügung, die weitestgehend unabhängig von Niederschlagsmenge und -verteilung während der Regenzeit sichere Erträge gewährleisten. Es ist jedoch nicht ausschließlich der Sandsteinzug, dessen sandigen Derivate günstige Bodenverhältnisse in der Region bewirken. Vorteilhaft ist auch die Abtragung entlang der Lateritstufe, die von NW kommend, den Sandsteinzug "kreuzt". In ihrem Vorfeld sind Lateritkruste und Saprolithzone weitgehend ausgeräumt, so daß sich auf basischen Gesteinen tiefgründige, nährstoffreiche Böden entwickeln konnten, die wesentlich bessere Anbaubedingungen bieten als die sonst weit verbreiteten geringmächtigen und nährstoffarmen Böden der Lateritebenen. Die Verteilung der Feldflächen - auf den SPOT-Szenen heben sie sich als helle Flächen gut von der übrigen Landschaft ab - zeigt dies deutlich (s. Kartenbeilage).

Am Südrand des Sandsteinmassivs ist ein breiter Streifen intensiver agrarischer Nutzung zu erkennen. Mit zunehmender Entfernung von dem Höhenzug nimmt die Anbauintensität ab, wobei eine Konzentration der Feldflächen entlang der Gerinnebetten festzustellen ist. Im Süden und Osten endet der Anbau an wie mit dem Lineal gezogenen Linien, die die Grenzen der Nationalparks Arli und "W" markieren. Im nördlichen Vorland fällt zunächst die große Fläche intensiver Feldnutzung unterhalb der Lateritstufe und dem Sandsteinzug auf. Auch hier dünnt der Anteil agrarisch genutzter Flächen mit der Entfernung von der Lateritstufe aus, wobei wiederum eine Konzentration entlang der Gerinnebetten zu bemerken ist. Oberhalb der Lateritstufe erscheint die Feldnutzung weniger intensiv und fleckenhaft, wobei die größten Feldflächen jeweils den Beginn von Wasserläufen markieren. Dies gilt besonders für den unmittelbaren Rand des Sandsteinzuges. Hier streben die Gerinne auf der Lateritebene dem Tapoa zu, ohne sich nennenswert eingeschnitten zu haben. Abgesehen von den flachen Mulden, die den Beginn der Gerinne darstellen, ist die agrarische Nutzung gering und beschränkt sich auf immer schmaler werdende Streifen entlang der episodischen Wasserläufe.

Vergleicht man die Landnutzungsmuster der Gobnangou-Region mit den von RUNGE (1990b:57, 61; 1991) im nördlichen Togo kartierten Feldflächen, so ergeben sich grundsätzliche Unterschiede. In Gobnangou erfolgt die Anlage von Feldern meist in Anlehnung an das hydrographische Netz. Dies gilt besonders in Gebieten mit flachgründigen Böden, wie sie für die Lateritebenen typisch sind. In Nord-Togo hingegen konzentriert sich die agrarische Nutzung vor allem auf höher gelegene Gebiete im Wasserscheidenbereich und auf Bergfußflächen. Selbst kleinere Bachläufe sind nahezu grundsätzlich von der Ackernutzung ausgenommen. Diese Landnutzungsmuster lassen sich nur als an die jeweiligen klimatischen Gegebenheiten angepaßte Bodennutzung interpretieren. Je nach Länge der Regenzeit und den durchschnittlichen Niederschlagsmengen sind es unterschiedliche Reliefbereiche, die eine optimale Wasserversorgung der Kulturpflanzen gewährleisten. Im Gegensatz zum von Dürrekatastrophen gekennzeichneten Sahel, wo es gilt, die wenigen Niederschläge bestmöglich auszunutzen, ist es in der Sudanzone von Bedeutung, Felder auf Standorten anzulegen, die weder von zu großer Trocknis noch von zu starker Vernässung bedroht sind. Im südöstlichen Burkina Faso sind dies vor allem die Oberläufe der kleineren Gerinnebetten bis hin zu den relativ weiten flachen Mulden, in denen sie beginnen. Es sind also Areale, die von dem Oberflächenabfluß der angrenzenden Gebiete profitieren, ohne aber einer längerfristigen starken Vernässung oder gar Überflutung zu unterliegen. Im südwestlich angrenzenden Togo konzentriert sich die agrarische Nutzung bei 200 - 300 mm höheren Niederschlägen und einer sechsmonatigen Regenzeit bereits auf deutlich höhere Reliefbereiche.

11 Sommaire

L'objectif du présent travail était de determiner le géopotentiel de la région de Gobnangou, constituant la base environnementale des populations gulmancés qui l'occupent. Alors que les piémonts de la chaîne gréseuse montrent de remarquables densités de peuplement, celles-ci tombent largement en-dessous de la moyenne nationale dans les zones limitrophes. Le fondement économique de la société gulmancé est une agriculture itinérante sans emploi de la charrue, ni d'engrais de synthèse. Parmi les facteurs géographiques déterminants comptent la qualité des sols et la disponibilité des ressources hydriques pendant toute l'année, en particulier durant les sept mois secs. En raison de son histoire géologique, la région de Gobnangou se différencie des zones avoisinantes tant par le relief que par ses ressources en eau et en sols.

La Chaîne de Gobnangou appartient géologiquement au bassin sédimentaire de la Volta. Les couches gréseuses constituent la formation de Tansarga qui correspond au groupe de Dapaong. Ce sont les sédiments les plus vieux du bassin, déposés il y a un milliard d'années sur le socle cristallin. Vers 650 millions d'années la zone fut touchée par la glaciation précambrienne, d'où un modelé glaciaire. Dans les zones érodées se déposèrent les formations de la série de la Pendjari: essentiellement schistes et argilites. Ils constituent aujourd'hui la structure de la plaine de la Pendjari. La base de cette série est une séquence sédimentaire tillites-calcaires-phtanites, affleurant près de Kodjari.

Le relief précambrien influence les formes superficielles actuelles. Les schistes (postglaciaires) comblant les zones vidangées pendant la glaciation, plus sensibles à l'érosion, commandent une partie du réseau hydrographique. Ainsi, l'Arli passe entre les massifs de Gobnangou et de Madjoari sans devoir éroder les grès.

La tectonique, en relation avec la zone de mobilité centrafricaine, marque également les formes. Les deux principales directions sont NW-SE et NNE-SSW. Elles sont suivies par les ravins, creusés et par les cours d'eau dans le grès de la chaîne et même par les lits du piémont. La direction NNE-SSW correspond aussi à celle de la faille majeure qui longe les schistes de la série de la Pendjari. Au nord de Kodjari des blocs de schistes soulevés forment des buttes qui prolongent la chaîne gréseuse vers le NE.

Les formes actuelles - de vastes plateaux - peuvent être grossièrement classées en différentes générations de relief. La surface résiduelle la plus ancienne est marquée par des plateaux latéritiques, conservés à l'extrémité nord de la Chaîne à des altitudes comprises entre 320 et 330 m près de Kaabougou ou Kodjari. Elles peuvent être attribués au niveau fini-tertiaire, dit "relief intermédiaire pliocène" (BOULET 1978) ou "topographie cuirassée fondamentale" (BEAUDET & COQUE 1986). La planation fini-tertiaire a également affecté la Chaîne avec la mise en place d'un plateau,en dépit d'éléments structuraux. Au piémont nord s'étale une plaine latéritique à 280 - 310 m sur le socle cristallin jusque contre la chaîne gréseuse.

Le "glacis supérieur", rapporté au Quaternaire ancien (BOULET & LEPRUN 1969), est interrompu à l'ouest en escarpement. Le démantèlement de la latérite s'effectue le long de cet escarpement qui s'étend de NW à SE sur plusieurs kilomètres, croisant la Chaîne vers Pentenga. En avant de la corniche ainsi créée, les formes sont très acci-dentées, disséquées par les cours d'eau en multiples buttes tabulaires. Au delà, le relief devient plus calme se transformant en une vaste plaine qui s'abaisse régulière-ment de 240 m vers Tambaga à 170 m près d'Arli, entrecoupée de bas-fonds inonda-bles. C'est là où la Chaîne atteint ses altitudes relatives les plus élevées, dominant la plaine de plus de 100 m à Yobri. Du côté méridional, la Chaîne ne présente que des escarpements locaux de moindre dénivelée (30 à 40 m). Le piémont sud appartient à la plaine de la Pendjari, avec un paysage de bassin marqué par une planitude mono-tone. Il s'abaisse de 220-240 m au pied de la chaîne à 170 m au bord de la rivière qui le traverse en méandres.

Le massif gréseux a un relief contrasté, avec des ravins développés à la faveur des accidents tectoniques et les formes de dissolution qui individualisent des dépressions sur le plateau. Il n'existe pratiquement pas de paroi qui ne soit lapiazée, creusée de grotte ou marquée autrement par la dissolution. Les lames minces du grès montrent que les grains de quartz sont de plus en plus corrodés vers la surface. En raison de la convergence des formes et de l'action comparable de l'eau sur les particules, nous utilisons le concept de "karst gréseux" par référence au karst calcaire (SPONHOLZ 1989b). C'est le "sandstone karst" des auteurs anglo-saxons (JENNINGS 1983).

Les capacités hydriques extraordinaires du massif gréseux se manifestent par les ruis-seaux subpermanents qui en sortent. Même à la fin de la saison sèche, de nombreux cours d'eau sont encore humides et portent une végétation qui témoigne de la pré-sence de l'eau en permanence. Le massif gréseux emmagasine l'eau de pluie, qui par sa position en relief et la configuration du socle au niveau de la surface de base, peut alimenter les sources. On peut supposer, qu'outre la porosité du grès, un réseau kars-tique contribue à cette capacité de réserve. Les sols sableux en surface y participent également en réduisant l'évaporation et en facilitant l'infiltration. Que les sources pro-fitent tant au versant septentrional que méridional et non seulement à ce dernier, fa-vorisé par le pendage, est dû à la configuration du cryptorelief cristallin. Ceci permet par exemple à une source comme celle de la mission de Tambaga, de couler toute l'année. La disponibilité de l'eau, y compris dans le massif gréseux lui même, permet ainsi des occupations permanentes. C'est pourquoi on y rencontre sur des sols épais une utilisation intensiv sous forme de jardins maraîchers, le long des cours d'eau. La qualité des sols de la région est considérée bonne par les Gulmancé. Ils les distinguent en sols rouges, blancs ou noirs (tinmuanga, tinpienga, tinbuanli). A cette distinction s'ajoutent des caractères de richesse et de topographie. Les sols rouges sont pauvres et ne permettent que de courtes périodes de mise en culture. Les noirs sont les plus riches. La couleur peut également caractériser les conditions stationelles. Ainsi, on distingue plusieurs ensembles aux alentours de la Chaîne. Les sols blancs occupent le piémont sud, en particulier vers Madaaga et Logobou. Y succèdent vers le nord-est, autour de Kodjari des sols noirs. Au nord de la Chaîne ceux-ci se retrouvent entre Yobri, Tambaga et Namounou. Cette régionalisation des sols se superpose très bien à la structure géologique. Tandis que les formations sableuses du sud portent des Acrisols et Lixisols clairs, les buttes schisteuses de Kodjari donnent naissance à des Vertisols et Cambisols sombres. Sur la surface latéritique au nord ce sont plutôt des sols clairs qui se développent sur les alluvions superficielles de la croûte. Sur les affleurements basiques (Amphibolites) vers Tambaga, Namounou et Yobri se sont developpés des Vertisols.

Les Acrisols et Lixisols du piémont sud occupent les dépôts d'altération du grès, avec un horizon superficiel sableux (50 à 70 % sable) avec 10 % d'argile en moyenne. Ce taux atteint 20 à 30 % dans l'horizon Bt, parfois avec des traces d'hydromorphie. Les Gulmancé apprécient ces sols car, étant relativement indifférents à la longueur de la saison des pluies, ils garantissent une bonne récolte. Par leur porosité, ils permettent une bonne infiltration, puis la conservation de l'eau. Les cultures sont ainsi épargnées tant d'un excès que d'un manque d'eau, même dans des conditions extrêmes. Ces sols ont, en outre, l'avantage d'être faciles à travailler, et la récolte des arachides y est aisée. En contrepartie, la période de mise en culture est réduite à sept ans en moyenne. La capacité d'échange se situe nettement en dessous de 10 mmol/z/100 g de sol fin.

A la limite septentrionale de la région, près de Kodjari, ce sont des Vertisols que l'on trouve au pied des buttes schisteuses. Ils sont caractérisés dans la nomenclature française de vertisols lithomorphes, puisque leur développement est lié à la nature de la roche-mère. Contrairement aux vertisols topomorphes ils ont l'avantage d'avoir un moindre taux d'argile (30 à 50 %) et plus d'éléments grossiers. D'où un meilleur comportement vis-à-vis de l'eau et de l'oxygène. Les Gulmancé les nomment buolbonli et tinbisimbili. Ils les distinguent par leur aspect collant, leur couleur sombre et les fentes de dessication en saison sèche. Ils yapprécient leur fertilité indépendante des précipitations et leur périodes de mise en culture de 15 à 20 ans. Ce sont des sols à sorgho.

Le domaine de la plaine latéritique du piémont nord est caractérisé par sa planitude et par comparativement peu de cours d'eau qui la drainent. Les sols de cette zone se sont formés dans la couverture sédimentaire de la croûte. Les qualités de chaque station varient avec la texture et la puissance de la couverture. Celle-ci est généralement inférieure à un mètre, malgré des variations locales; elle est plus forte en proximité des fleuves. Avec la puissance croissante, les profils se différencient par le faible taux en argile de leur horizon supérieur et par l'enrichissement en profondeur. On peut donc les caractériser selon leur saturation en bases soit d'Acrisols, soit de Lixisols. Les Leptosols peu épais ne sont pas favorables aux cultures. Les Gulmancé les reconnaîssent par la composition de leur végétation naturelle et nomment "Tialu" une végétation purement graminée sur un latérite faiblement recouvert du limon. "Tunga" par contre est une brousse dense indiquant sous la faible couverture une croûte fissurée permettant aux racines d'atteindre une plus grande profondeur. Les sols épais sont également différenciés par leur texture. Ainsi les sols riches en pisolithes s'appellent "tintancaga". Ils supposent une meilleure qualité par rapport aux sols argileux car l'eau s'y infiltre mieux. C'est pourquoi ils sont fréquemment cultivés, même si leur pauvreté ne permet que 4 à 5 ans de mise en culture. Les sols plus limoneux s'appellent "tinlubili". Contrairement aux précédents, ils ne sont pas bons pour les arachides, mais peuvent être cultivés plus longtemps. Les récoltes y sont d'autant meilleures que les pluies sont abondantes.

Mais sur la plaine latéritique il y a aussi des sols qui présentent le danger d'une saturation excessive en eau en raison d'une texture très argileuse (Planosols, Plinthosols). Ils sont appelés "pugu". Les Gulmancé les distinguent encore d'après la texture superficielle en fonction de leur comportement vis-à-vis de l'eau. "Pugutambima" à l'avantage d'avoir une couche superficielle sableuse, tandis que lubigu est le plus mauvais des "pugu" et "tinlubili" lui est associé. Dans ces cas les récoltes souffrent tant d'un manque que d'un excès de précipitations. Ainsi outre la profondeur et la texture du sol, les Gulmancé tiennent compte pour l'installation de leur champs des différentes topographies.

Plus a l'est au pied de la corniche latéritique les sols se différencient en fonction de leur topographie et de leur substrat. Dans les zones accidentées par les cours d'eau, les sols se développent soit sur les croupes cristallines, soit sur des alluvions. Sur les Amphibolites du triangle Yobri, Tambaga, Namounou on retrouve des Vertisols lithomorphes appréciés pae les Gulmancé. Les alluvions profondes le long des fleuves ("buambalgu") sont considérées bonnes, car elles sont bien humidifiées sans inondations prolongées. En fonction de l'origine de ces sédiments les sols peuvent être très fertiles. Au pied du massif gréseux se rencontrent souvent des sols hydromorphiques, parce que les couches sableuses sont déposées au-dessus d'altérites argileuses, développées des sur roches cristallines. Ces stations aussi sont intensivement cultivées. Grâce à la disponibilité de l'eau de la Chaîne, la riziculture est possible dans les nombreux bas-fonds au pied de cette montagne. La zone inondable des grandes rivières Arli et Pendjari n'est, en revanche, pas cultivée. Cela en raison des trop fortes variations de leur niveau, rendant les cultures trop risquées. On y rencontre des vertisols topomorphes, à plus de 50 % d'argile. Ils sont aujourd'hui intégrés au Parc National et aux réserves de chasse, sans activité agricole.

Dans l'ensemble, les sols des piémonts de la Chaîne peuvent être evalués satisfaisants en considérant les méthodes d'agriculture des Gulmancé. Dans le domaine considéré les sols profonds, favorables et indifférents aux pluies sont fréquents. Ce sont tant des Acrisols, faciles à travailler malgré leur pauvreté en éléments nutritifs, que les Vertisols, plus difficiles à travailler. Mais les sols favorables pour la culture ne sont pas limités autour de la Chaîne. On les trouve aussi en bas d'assise latéritique qui traverse la chaîne gréseuxe du NW au SE. Ici, latérite et altérite sont aplanies et sur des roches basiques sont développés des vertisols lithomorphes d'une bien plus grande fertilité. Ceci est bien visible dans la repartition des champs sur les images SPOT qui se discernment bien des autres surfaces par leur couleur claire (voir carte en annexe).

Au Sud immédiat de la Chaîne, l'espace intensivement labouré est bien visible. Il diminue de densité en s'en éloignant, avec une concentration le long des cours d'eau. Les limites Sud et Est, rectilignes, correspondent à celles des Parc Nationaux du "W" et d'Arli. Au Nord apparaissent les zones de culture intensive des piémonts qui se dissipent avec l'éloignement du massif gréseux, aussi avec la concentration le long des cours d'eau. Au-dessus de la cuesta, l'occupation est peu dense et apparaît en taches. Elle montre bien le début des thalwegs. Vers la Tapoa, le long des ruisseaux qui ne sont pas incisés dans la cuirasse latéritique, la densité des champs diminue.

Le modèle d'occupation des sols de la région de Gobnangou montre de nettes différences face à celui étudié par RUNGE (1990b:57, 61; 1991) au Nord du Togo. Ici les champs se concentrent le long du réseau hydrographique, en particulier dans les plaines latéritiques où les sols sont généralement peu épais. Au Nord du Togo au contraire ils occupent les aires plus hautes comme les interfluves et les piémonts. Une telle répartition ne peut s'interpréter qu'à la lumière des adaptions aux différentes conditions climatiques. Les situations topographiques optimales pour diverses cultures diffèrent selon la longueur de la saison des pluies et de la moyenne des précipitations. Contrairement au Sahel, marqué par le danger de la sécheresse, en zone soudanienne il faut prendre en compte tant le risque du manque que celui de l'excès d'eau. Dans le sud-est du Burkina Faso ces conditions existent aux amonts des ruisseaux et aux dépressions étendus (bas-fonds), où ils prennent naissance. Plus au sud-ouest, au Togo, l'exploitation agricole se consentre déja sur des niveaux topographiques bien plus hauts, avec des précipitations supérieures de 200 à 300 mm et une saison des pluies de 6 mois.

On doit donc retenir que les Gulmancé ont une connaissance très différenciée des sols et conditions à leur disposition. Différentes cultures, en particulier les nombreuses variétés de céréales, adaptées aux différentes conditions stationelles justifient une stratégie garantissant des récoltes indépendantes des précipitations. Il ne faut cependant pas oublier une raison, citée par les Gulmancé eux-mêmes, pour expliquer leur occupation dense des environs de la chaîne gréseuse: les nombreuses grottes du massif devaient leur servir de lieux de refuge dans le passé, lors de guerres tribales ou pour se protéger des chasseurs d'esclaves. Ainsi, on retrouve dans ces refuges généralement près des points d'eau, des restes de greniers à grain pour ces situations d'urgence.

12 Literaturverzeichnis

ADAMS, A. E. & MAC KENZIE, W. S. & GUILFORD, C. E. (1986): Atlas der Sedimentgesteine im Dünnschliff. - 97 S.; Stuttgart.

AFFATON, P. & SOUGY, J. & TROMPETTE, R. (1980): The tectono-stratigraphic relationships between the Upper Precambrian and Lower Paleozoic Volta Basin and the Pan-African Dahomeyide orogenic belt (West Africa). - American J. Sci., 280: 224-248; New Haven (USA).

AFFATON, P. (1975): Etude géologique et structurale du nord-ouest Dahomey, du nord Togo et du sud-est de la Haute-Volta. - Trav. Lab. Sci. Terre, 10: 201 S.; Marseille.

AG BODENKUNDE (1982): Bodenkundliche Kartieranleitung. - 3. Aufl., 331 S.; Hannover.

AICARD, P. (1959): Carte géologique de reconnaissance à l'echelle du 500 000. Notice explicative sur la feuille Kandi-Ouest N° NC.31 N.O. - O.33. - 32 S.; Dakar.

AMARD, B. & AFFATON, P. (1984): Découverte de *Chuaria Circularis* (Acritarche) dans le bassin des Volta (Haute-Volta et Bénin, Afrique de l'Ouest). Age protérozoïque terminal de la Formation de la Pendjari et de la tillite sous-jacent. - C. R. Acad. Sci. Paris, sér. II, 299: 975-980; Paris.

AUBERT, G. (1963): La classification des sols, la classification pédologiques Française. - Cah. O.R.S.T.O.M., sér. Pedologie, 3: 1-7; Paris.

AUBERT, G. (1964): The classification of soils as used by French pedologists in tropical and arid areas. - African Soils, 9: 107-116; Bangui.

AVENARD, J. (1973): Evolution géomorphologique au quaternaire dans le Centre-Ouest de la Côte d'Ivoire. - Rev. géom. dyn., 22: 145-160; Paris.

BARGATZKY, T. (1986): Einführung in die Kulturökologie. - 252 S.; Berlin.

BARTH, H. K. (1970): Probleme der Schichtstufenlandschaften in Westafrika am Beispiel der Bandiagara-, Gambaga- und Mampong-Stufenländer. - Tübinger geogr. Stud., 38: 215 S.; Tübingen.

BAUMANN, H. H. (1979): Die Völker Afrikas und ihre traditionellen Kulturen. Teil II: Ost-, West- und Nordafrika. - Studien zur Kulturkunde, 35: 734 S.; Wiesbaden.

BAUMHAUER, R. & BUSCHE, D. & SPONHOLZ, B. (1989): Reliefgeschichte und Paläoklima des saharischen Ost-Niger. - Geogr. Rundschau, 41: 493-499; Braunschweig.

BDLIYA, H. H. (1987): A preliminary comparative study of the validity of exogeneous agricultural land delineations on the Biu Plateau. - Annals of Borno, 4: 245-259; Maiduguri.

BEAUDET, G. & COQUE, R. (1986): Les modelés cuirassés des savanes du Burkina Faso. - Rev. géol. dyn. géogr. phys., 27: 213-224; Paris.

BESSOLES, B. (1983): Le craton ouest-africaine. - In: FABRE, J. [Ed.]: West Africa, geological introduction and stratigraphical terms: 27-34; Oxford.

BLACK, R. & FABRE, J. (1983): A brief outline of the geology of West Africa. - In: FABRE, J. [Ed.]: West Africa, geological introduction and stratigraphic terms: 17-26; Oxford.

BLANCK, J. P. & TRICARD, L. F. (1990): Quelques effets de la néotectonique sur la géomorphologie dans la région du Delta Central du Niger (Mali). - C. R. Acad. Sci. Paris, sér. II, **310**: 309-313; Paris.

BLOT, A. & AFFATON, P. & SEDDOH, K. & AREGBA, A. & GODONOU, S. & LENOIR, F. & DROUET, J. J. & SIMPARA, N. & MAGAT, P. (1988): Phosphates du Protérozoïque supérieur dans la chaîne des Dahomeyides (ca. 600 MA) de la région de Bassar (N-Togo, Afrique de l'Ouest). - J. of African Earth Sci., **7**: 159-166; Oxford.

BÖGLI, A. (1978): Karsthydrographie und physische Speläologie. - 292 S.; Berlin.

BOULET, R. & FAUCK, R. & GUICHARD, G. & KALOGA, B. & LEPRUN, J. C. & MOREAU, R. & RIEFFEL, J. M. (1970): Etude pédologique de la Haute-Volta. Rapport de synthèse sur la cartographie pédologique systématique de la Haute-Volta. - 30 S.; Dakar.

BOULET, R. & LEPRUN, J. C. (1969): Etude pédologique de la Haute-Volta, région Est. - 319 S.; Paris.

BOULET, R. (1976): Notice des cartes de ressources en sols de la Haute-Volta. - 97 S.; Paris.

BOULET, R. (1978): Toposequences de sols tropicaux en Haute-Volta. - Mém. O.R.S.T.O.M., **85**: 260 S.; Paris.

BREMER, H. (1971): Flüsse, Flächen- und Stufenbildung in den feuchten Tropen. - Würzburger geogr. Arb., **35**: 194 S.; Würzburg.

BREMER, H. (1977): Reliefgenerationen in den feuchten Tropen. - Würzburger geogr. Arb., **45**: 25-37; Würzburg.

BROOK, G. A. & FORD, D. C. (1978): The origin of labyrinth and tower karst and the climatic conditions necessary for the development. - Nature, **275**: 493-496; London.

BRUNK, K. (1992): Late Holocene and recent geomorphodynamics in the south-western Gongola-Basin, NE-Nigeria. - Z. Geomorph., N. F., Suppl.-Bd. **91**: 149-159; Berlin, Stuttgart.

BURGER, D. & LANDMANN, M. (1988): Quantitative Mikromorphologie der Quarzverwitterung mit Beispielen aus dem tropischen Karst. - Tübinger geogr. Stud., **100**: 169-183; Tübingen.

BUSCHE, D. & ERBE, W. (1987): Silicate karst landforms of the southern Sahara (north-eastern Niger and southern Libya). - Z. Geomorph., N. F., Suppl.-Bd. **64**: 55-72; Berlin, Stuttgart.

BUSCHE, D. & SPONHOLZ, B. (1988): Karsterscheinungen in nichtkarbonatischen Gesteinen der Republik Niger. - Würzburger geogr. Arb., **69**: 9-44; Würzburg.

BUSCHE, D. & SPONHOLZ, B. (1990): Silikatkarst in der südlichen Sahara - Einflußgröße für das Grundwasser? - Zbl. Geol. Paläont., Teil I, Jg. **1990**: 425; Stuttgart.

BUSCHE, D. & SPONHOLZ, B. (1992): Morphological and micromorphological aspects of the sandstone karst of eastern Niger. - Z. Geomorph., N. F., Suppl.-Bd. **85**: 1-18; Berlin, Stuttgart.

C.I.E.H. (1976): Carte de planification des ressources en eau souterraine des Etats membres du C.I.E.H. de l'Afrique soudano-sahélienne. - 118 S.; Ouagadougou.

CHANTOUX, A. & GONTIER, A. & PROST, A. (1968): Grammaire Gourmantché. - Initiations et Etudes Africaines, **23**: 160 S.; Dakar.

CLAUER, N. & CABY, R. & JEANETTE, D. & TROMPETTE, R. (1982): Geochronology of sedimentary and metasedimentary precambrian rocks of the West African craton. - Precambrian Res., **18**: 53-72; Amsterdam.

DA, D. (1989): Exploitation des imageries satellitaires Landsat T. M. pour la cartographie géomorphologique dans le Centre-Nord du Burkina Faso. - Cah. du Centre de Recherche en lettre sciences humaines et sociales, **4**: 126-159; Ouagadougou.

DAO, O. & NEUVY, G. (1988): Milieu naturel, culture de coton et développement agricole dans l'ouest du Burkina Faso. - Cah. d'Outre-Mer, **163**: 227-258; Bordeaux.

DEMANGEOT, J. (1985): Montagnes et cascades de Haute-Guyane Vénézuélienne. - Bull. Assoc. Géogr. Franç., **62**: 243-254; Paris.

DEYNOUX, M. & TROMPETTE, R. & CLAUER, N. & SOUGY, J. (1978): Upper Precambrian and Lowermost Paleozoic Correlations in West Africa and in the Western Part of Central Africa. Probable Diachronism of the Late Precambrian Tillite. - Geol. Rundschau, **67**: 615-630; Stuttgart.

DEYNOUX, M. (1983): Les formations de plate-forme d'âge Précambrien supérieur et Paléozoïque dans l'Ouest africain, correlations avec les zones mobiles. - In: FABRE, J. [Ed.]: West Africa, geological introduction and stratigraphical terms: 46-74; Oxford.

DITTMER, K. (1979): Die Obervolta-Provinz. - Stud. z. Kulturkde., **35**: 495-542; Wiesbaden.

DROUET, J. J. & AFFATON, P. & SEDDOH, K. F. & GODONOU, K. S. & LAWSON, L. T. (1984): Synthèse lithostratigraphique du Précambrien supérieur infratillitique du bassin des Volta au Nord-Togo. - In: KLERKX, J. & MICHOT, J. [Eds.]: Géologie Africaine. - 217-225; Tervuren.

DROUET, J. J. (1985): The sedimental cycle and the depositional environments of the infratillitique Upper Precambrian of the Volta Basin in northern Togo. - Abstracts from the 13th Coll. Afr. Geol.: 346-347; St. Andrews.

DROUET, J. J. (1986): Le cycle sédimentaire et les milieux de dépôt du précambrien supérieur infratillitique dans le bassin des Volta au Nord-Togo. - J. of African Earth Sci., **5**: 455-464; Oxford.

DROUET, J. J. (1987): Les carbonates stromatoliques du précambrien terminal au Nord-Togo: Milieux de dépôt et première diagénèse. - In: MATHEIS, G. & SCHANDLMEIER, H. [Eds.]: Current research in African earth sciences: 143-146; Rotterdam.

DROUET, J. J. (1989): Une marge passive au flanc oriental du craton éburnéen durant le Précambrien terminal. Répartition des sédiments post-glaciaires à stromatolites et phosphates au Nord-Togo (Afrique de l'Ouest). - C. R. Acad. Sci. Paris, Sér.II, **309**: 1055-1060; Paris.

DUCHAUFOUR, P. (1988): Pédologie. - 2. Aufl., 224 S.; Paris.

FABRE, J. E. [Ed.] (1983): Afrique de l'Ouest, introduction géologique et termes stratigraphiques. - Lexique stratigraphique international, nouvelle sér., **1**: 396 S.; Oxford.

FAHRENHORST, B. (1988): Der Versuch einer integrierten Umweltpolitik. Das Entwicklungsmodell Burkina Faso unter Sankara. - Hamburger Beitr. z. Afrika-Kde., **35**: 493 S.; Hamburg.

FAO (1988): Soil Map of the World, Revised Legend. - World Soil Resources Report, **60**: 79 S.; Rom.

FAO UNESCO (1987): Soils of the World. - Poster; Amsterdam.

FAUCK, R. (1972): Les sols rouges sur sables et sur grès d'Afrique occidentale. - Mém. O.R.S.T.O.M., **61**: 257 S.; Paris.

FAUCK, R. (1974): Les facteurs et les mécanismes de la pédogenèse dans les sols rouges et jaunes ferrallitiques sur sable et grès en Afrique. - Cah. O.R.S.T.O.M., sér. Pédologie, **12**: 69-72; Paris.

FAUST, D. (1987): Traditionelle Bodennutzung in den Monts Kabyè/N-Togo. - Z. f. Agrargeogr., **5**: 336-351; Berlin.

FAUST, D. (1989): Gesteinsbedingte Relief- und Bodenentwicklung in den Monts Kabyè (N-Togo) und Auswirkungen auf den Agrarraum. - Z. Geomorph., N. F., Suppl.-Bd. **74**: 57-69; Berlin, Stuttgart.

FAUST, D. (1991): Die Böden der Monts Kabyè (N-Togo). Eigenschaften, Genese und Aspekte ihrer agrarischen Nutzung. - Frankfurter geowiss. Arb., Ser. D, **13**: 174 S.; Frankfurt a. M.

FELIX-HENNINGSEN, P. (1990): Die mesozoisch-tertiäre Verwitterungsdecke (MTV) im Rheinischen Schiefergebirge. - Relief, Boden, Paläoklima, **6**: 192 S.; Berlin.

FÖLSTER, H. (1983): Bodenkunde/Westafrika. - Afrika-Kartenwerk, Beiheft **W4**: 101 S.; Berlin, Stuttgart.

FOUCAULT, A. & RAOULT, J. F. (1988): Dictionnaire de Géologie. - 3. Aufl., 352 S.; Paris.

FRÄNZLE, O. (1971): Die Opferkessel im quarzitischen Sandstein von Fontainebleau. - Z. Geomorph., N. F., **15**: 212-235; Berlin, Stuttgart.

FRICKE, W. (1965): Bericht über agrargeographische Untersuchungen in der Gombe Division, Bauchi Province, Nord Nigeria. - Erdkunde, **19**: 233-248; Bonn.

FRICKE, W. (1986): Natur und Gesellschaft in Afrika unter dem Aspekt agrarer Tragfähigkeit. - Heidelberger Geowiss. Abh., **6**: 155-171; Heidelberg.

FRICKE, W. (1989): Die Rinderhaltung in Westafrika und ihre anthropo- und physiogeographischen Umweltbedingungen. - Der Tropenlandwirt, Beih., **35**: 83-128; Witzenhausen.

FRIED, G. (1983): Äolische Komponenten in Rotlehmen des Adamaua-Hochlandes/ Kamerun. - Catena, **10**: 87-97; Cremlingen.

GEIS-TRONICH, G. (1991): Materielle Kultur der Gulmancé in Burkina Faso. - Stud. z. Kulturkde., **98**: 522 S.; Stuttgart.

GREINERT, U. & HERDT, H. (1987a): Das Relief als geoökologischer Faktor. - Geowiss. in unserer Zeit, **5**: 174-182; Weinheim.

GREINERT, U. & HERDT, H. (1987b): Relation between Bedrock, Relief and Soils in the Cuesta Region of South Brazil. - Zbl. Geol. Paläont., Teil I, **1987**: 863-873; Stuttgart.

GRUNERT, J. (1988): Verwitterung und Bodenbildung in der Süd-Sahara, im Sahel und im Nord-Sudan. Mit Beispielen aus Niger, Burkina Faso und Nord Togo. - Abh. Akad. Wiss. Göttingen, math. -physik. Kl., 3. Folge, **41**: 22-43; Göttingen.

GUINKO, S. (1984): Végétation de la Haute-Volta. - Diss. Univ. Bordeaux: 318 S.; Bordeaux.

GUINKO, S. (1984/85): Contribution à l'étude de la végétation et de la flore du Burkina Faso (ex Haute-Volta). - Bull. de l'I.F.A.N., sér. A, **46**: 129-139; Dakar.

GUIRAND, R. & ALIDOU, S. (1981): La faille de Kandi (Bénin), témoin du rejeu finicrétacé d'un accident majeur à l'echelle de la plaque africaine. - C. R. Acad. Sci. Paris, **293**: 779-782; Paris.

GUIRAND, R. (1986): Tectonique, seismicite et volcanisme de la Plaque Africaine depuis le Meso-Cénozoïque. - Trav. et Doc. O.R.S.T.O.M., **197**: 179-182; Paris.

HABERLAND, E. (1986): Traditionelle Kulturen und ihre natürliche Umwelt in Afrika südlich der Sahara. - Frankfurter Beitr. z. Didaktik d. Geogr., **9**: 333-350; Frankfurt a. M.

HABERLAND, E. (1988): Schwarzer Kontinent im Licht der Forschung. - Forsch. Frankfurt, **6**: 2-4; Frankfurt a. M.

HEINRICH, J. (1992): Naturraumpotential, Landnutzung und aktuelle Morphodynamik im südlichen Gongola-Becken, Nordost-Nigeria. - Geoökodynamik, **13**: 41-61; Bensheim.

HÖLLERMANN, P. (1992): Geomorphologie und Landschaftsökologie. - Bonner Geogr. Abh., **85**: 9-14; Bonn.

HOTTIN, G. & OUEDRAOGO, O. F. (1975): Notice explicative de la carte géologique à 1/1 000 000 de la République de Haute-Volta. - 58 S.; Ouagadougou.

HUNTER, J. M. & HAYWARD, D. F. (1971): Towards a model of scarp retreat and drainage evolution: Evidence from Ghana, West Africa. - Geogr. J., **137**: 51-68; London.

IBRAHIM, F. (1984): Savannenökosysteme. - Geowiss. in unserer Zeit, **2**: 145-159; Weinheim.

JENNINGS, J. (1983): Sandstone pseudokarst or karst. - Australian and New Zealand Geomorph. Group, Special Publ., 1: 21-30; Wollongong.

JENNINGS, J. (1985): Karst Geomorphology. - 293 S.; Oxford.

JUNGRAITHMAYR, H. (1986): Sprache und Sprachen in Afrika südlich der Sahara. - Frankfurter Beitr. z. Didaktik d. Geogr., 9: 351-373; Frankfurt a. M.

KALOGA, B. (1986): L'Evolution du Pédoclimat au Cours du Quaternaire dans les Plaines du Centre-Sud du Burkina Faso. - Trav. et Doc. O.R.S.T.O.M., 197: 221-225; Paris.

KESSLER, J. J. & BONI, J. (1991): L'agroforesterie au Burkina Faso, bilan et analyse de la situation actuelle. - Tropical Resource Management Papers, 1: 144 S.; Ouagadougou.

KRAUTHAUSEN, B. (1985): Karst- und Pseudokarstgebiete als wichtige Wasserreserven in Trockengebieten der dritten Welt. - Die Höhle, 36: 25-35; Wien.

KRINGS, T. (1991a): Agrarwissen bäuerlicher Gruppen in Mali/Westafrika. Standort gerechte Elemente in den Landnutzungssystemen der Senoufo, Bwa, Dogon und Samono. - Abh. Anthropogeogr., Sonderhefte, 3: 301 S.; Berlin.

KRINGS, T. (1991b): Kulturbaumparke in den Agrarlandschaften Westafrikas - eine Form autochthoner Agroforstwirtschaft. - Die Erde, 122: 117-129; Berlin.

KRINGS, T. (1992): Die Bedeutung autochthonen Agrarwissens für die Ernährungssicherung in den Ländern Tropisch Afrikas. - Geogr. Rundschau, 44: 88-93; Braunschweig.

LADWIG, R. (1986): Landwirtschaft und Pflanzenschutz in der Republik Niger. - Frankfurter Beitr. z. Didaktik d. Geographie, 9: 90-113; Frankfurt a. M.

LEPRUN, J. C. & TROMPETTE, R. (1969): Subdivision du Voltaïen du Massif de Gobnangou (République de Haute-Volta) en deux séries discordantes séparées par une tillite d'âge éocambrien probable. - C. R. Acad. Sci. Paris, D 269: 2187-2190; Paris.

LEPRUN, J. C. (1972): Cuirasses ferrugineuses autochthones et modelé de bas relief des pays cristallins de Haute-Volta orientale. - C. R. Acad. Sci., Paris, D 275: 1207-1210; Paris.

LEPRUN, J. C. (1979): Les cuirasses ferrugineuses des pays cristallins de l'Afrique occidentale sèche. Genèse - transformations - dégradation. - Mém. sci. géol., 58: 224 S.; Strasbourg.

MACHENS, E. (1966): Zur geotektonischen Entwicklung von Westafrika. - Z. Dt. Geol. Ges., 116: 589-597; Hannover.

MÄCKEL. R. (1985): Dambos and related landforms in Africa - an example for the ecological approach to tropical geomorphology. - Z. Geomorph., N. F., 52: 1-23; Berlin, Stuttgart.

MADIEGA, G. (1982): Contribution à l'histoire précoloniale du Gulma (Haute-Volta). - Stud. z. Kulturkde., 62: 260 S.; Wiesbaden.

MAINGUET, M. & CALLOT, Y. (1975): Réflexions à propos d'une comparaison entre karst gréseux et karst calcaire. - Mém. et Doc. C.N.R.S., Phénomènes karstiques, **2**: 105-110; Caen.

MAINGUET, M. (1972): Le modelé de grès. - 2 Bde.: 657 S.; Paris.

MARCHAL, M. (1983): Les paysages agraires de Haute-Volta. Analyse structurale par la méthode graphique. - Atlas des structures agraires au sud du Sahara, **18**: 115 S.; Paris.

MARESCAUX, G. (1973): Observations sur des roches silico-ferruguineuses du Togo central et du Dahomey septentrional. - Z. Geomorph., N. F., **17**: 185-193; Berlin, Stuttgart.

MAYDELL, H. J. (1986): Trees and Shrubs of the Sahel. - Schriftenreihe d. GTZ, **196**: 525 S.; Eschborn.

MC TAINSH, G. H. & WALKER, P. H. (1982): Nature and distribution of Harmattan dust. - Z. Geomorph., N. F., **26**: 417-435; Berlin, Stuttgart.

MENSCHING, H. & GIESSNER, K. & STUCKMANN, G. (1970): Sudan - Sahel - Sahara. Geomorphologische Beobachtungen auf einer Forschungsreise nach West- und Nordafrika. - Jb. geogr. Ges. Hannover, **1969**: 211 S.; Hannover.

MENSCHING, H. (1970): Flächenbildung in der Sudan- und Sahelzone (Obervolta und Niger). - Z. Geomorph., N. F., Suppl.-Bd. 10: 1-29; Berlin, Stuttgart.

MENSCHING, H. (1988): Morphodynamik und Morphogenese in den semiariden Randtropen Afrikas (Sahel - Sudanzone). - Abh. Akad. Wiss. Göttingen, math.-physik. Klasse, 3: 245-252; Göttingen.

MICHEL, P. (1959): L'évolution géomorphologique des bassins du Sénégal et de la Haute-Gambie, ses rapports avec la prospection minière. - Rev. Géomorph. dyn., **10**: 117-143; Paris.

MICHEL, P. (1973): Les bassins des fleuves Sénégal et Gambie, étude géomorphologique. - Mém. O.R.S.T.O.M., 63 (3 Bde.): 752 S.; Paris.

MICHEL, P. (1977): Reliefgenerationen in Westafrika. - Würzburger geogr. Arb., **45**: 111-130; Würzburg.

MIETTON, M. (1988): Dynamique de l'interface lithosphère - atmosphère au Burkina Faso. L'érosion en zone de Savane. - 512 S.; Caen.

MISCHUNG, R. (1980): Meo und Karen: Die Umweltanpassung zweier hinterindischer Bergvölker. - Paideuma, **26**: 141-156; Frankfurt a. M.

MORALES, C. E. (1979): Saharan Dust. - Scope, **14**: 198 S.; New York, Toronto.

MÜLLER, M. (1987): Handbuch ausgewählter Klimastationen der Erde. - 4. Aufl., 346 S.; Trier.

MÜLLER-HAUDE, P. (1991): Probleme der Bodennutzung in der westafrikanischen Savanne. - Forsch. Frankfurt, **9**: 26-32; Frankfurt a. M.

MÜLLER-HOHENSTEIN, K. (1981): Die Landschaftsgürtel der Erde. - 204 S.; Stuttgart.

MÜLLER-SÄMANN, K. (1986): Bodenfruchtbarkeit und standortgerechte Landwirtschaft. - Schriftenreihe der GTZ, **195**: 506 S.; Eschborn.

MUNSELL SOIL COLOR CHARTS (1988): Baltimore.

NABA, J. C. (1986): Bemerkungen zum Nominalklassensystem des Gulmancéba. - Bayreuther Beitr. z. Sprachwissensch., **7**: 235-245; Hamburg.

NABA, J. C. (1988): Gulmancéba-Texte. - 255 S.; Hamburg.

NEUMANN, K. & BALLOUCHE, A. (1992): Die Chaîne de Gobnangou in SE Burkina Faso - ein Beitrag zur Vegetationsgeschichte der Sudanzone W-Afrikas. - In: WITTIG, R. [Hrsg.]: Beiträge zur Kenntnis der Vegetation Westafrikas - aktuelle Forschungsprojekte deutscher Universitäten. Geobot. Kolloq., **8**: 53-68; Frankfurt a. M.

OLLIER, C. D. & GALLOWAY, R. W. (1990): The laterite profile, ferricrete and unconformity. - Catena, **17**: 97-109; Cremlingen.

OUOBA, B. (1986): Elements de l'identité culturelle de Gulmancéba. - 146 S.; Niamey.

PAGEL, H. (1981): Grundlagen des Nährstoffhaushaltes tropischer Böden. - 192 S.; Berlin.

PALLIER, G. (1981): Géographie Générale de la Haute-Volta. - 2. Aufl., 241 S.; Limoges.

PARNOT, J. (1988): Inventaire des feux de brousse au Burkina Faso saison sèche 1986-1987. - 22nd Int. Symp. on Remote Sensing of Environment **1988**: 563-573; Abidjan.

PERON, Y. & ZALACAIN, V. & LACLAVERE, G. (1975): Atlas de la Haute-Volta. - 48 S.; Paris.

PETIT, M. (1985): Aspects morphologiques du Massif Central Guyanais. - Bull. Assoc. Géogr. Franç., **62**: 255-267; Paris.

PETTIJOHN, F. J. & POTTER, P. E. & SIEVER, R. (1972): Sand and Sandstone. - 618 S.; Berlin.

PFEFFER, K. H. (1978): Karstmorphologie. - Erträge der Forsch., **79**: 131 S.; Darmstadt.

PION, J. C. (1979): Altération des massifs cristallins basiques en zone tropicale sèche. Étude de quelques toposéquences en Haute-Volta. - Mèm. sci. géol., **57**: 187 S.; Strasbourg.

POSS, R. & ROSSI, G. (1987): Systèmes de versants et évolution morphopédologique au Nord-Togo. - Z. Geomorph., N. F., **31**: 21-43; Berlin, Stuttgart.

POULLYAU, M. (1985): Les karsts gréseux dans la Gran Sabana (Guyane vénézuélienne). - Bull. Assoc. Géogr. Franç., **62**: 269-283; Paris.

REHM, S. H. (1986): Grundlagen des Pflanzenbaus in den Tropen und Subtropen. - 470 S.; Stuttgart.

REMY, G. (1967): Yobri (Haute-Volta). - Atlas des structures agraires au sud du Sahara, 1: 100 S.; Paris.

RIEHM, H. & ULRICH, B. (1954): Quantitative kolorimetrische Bestimmung der organischen Substanz im Boden. - Landwirtschaftl. Forsch., 6: 173-176; Frankfurt a. M.

ROHDENBURG, H. (1977): Beispiele für holozäne Flächenbildung in Nord- und Westafrika. - Catena, 4: 65-109; Braunschweig.

ROHDENBURG, H. (1989): Landschaftsökologie - Geomorphologie. - 220 S.; Cremlingen.

ROQUIN, C. & FREYSSINET, P. & ZEEGERS, H. & TARDY, Y. (1990): Element distribution patterns in laterites of southern Mali: consequences for geochemical prospecting and mineral exploration. - Applied Geochemistry, 5: 303-315; Oxford.

RUDLOFF, W. (1981): World Climates. - 632 S.; Stuttgart.

RUNGE, J. (1990a): Verwitterungsbildungen und Abtragungsprozesse in Nord-Togo. - Zbl. Geol. Paläont., Teil 1, Jg. 1990: 436-437; Stuttgart.

RUNGE, J. (1990b): Morphogenese und Morphodynamik in Nord-Togo (9°-11°N) unter dem Einfluß spätquartären Klimawandels. - Göttinger geogr. Abh., 90: 115 S.; Göttingen.

RUNGE, J. (1991): Agrar-Morphopedologische Karten - Hilfsmittel bei der Arealanalyse in den wechselfeuchten Tropen Westafrikas: Beispiele aus Nord-Togo. - Z. Geomorph., N. F., Suppl.-Bd. 89: 97-110; Berlin, Stuttgart.

SCHMIDT-LORENZ, R. (1986): Die Böden der Tropen und Subtropen. - In: REHM, S. [Hrsg.]: Grundlagen des Pflanzenbaus in den Tropen und Subtropen: 47-92; Stuttgart.

SCHNÜTGEN, A. & SPÄTH, H. (1983): Mikromorphologische Sprengung von Quarzkörnern in tropischen Böden. - Z. Geomorph., N. F., Suppl.-Bd. 48: 17-34; Berlin, Stuttgart.

SCHWERTMANN, U. (1971): Transformation of Hematite to Goethite in Soils. - Nature, 232: 624-625; London.

SEMMEL, A. (1980): Geomorphplogische Arbeiten im Rahmen der Entwicklungshilfe - Beispiele aus Zentralafrika und Kamerun. - Geoökodynamik, 1: 101-114; Darmstadt.

SEMMEL, A. (1982): Catenen der feuchten Tropen und Fragen ihrer geomorphologischen Deutung. - Catena, Suppl.-Bd. 2: 124-140; Braunschweig.

SEMMEL, A. (1983): Grundzüge der Bodengeographie. - 2. Aufl., 123 S.; Stuttgart.

SEMMEL, A. (1985): Geomorphologie als Hilfsmittel der Bodenkartierung. - Mitt. Dt. Bodenkdl. Ges., 43/II: 789-794; Oldenburg.

SEMMEL, A. (1986a): Böden des tropischen Afrika. - Frankfurter Beitr. z. Didaktik d. Geogr., 9: 214-222; Frankfurt a. M.

SEMMEL, A. (1986b): Angewandte konventionelle Geomorphologie, Beispiele aus Mitteleuropa und Afrika. - Frankfurter geowiss. Arb., Serie D, 6: 114; Frankfurt a. M.

SEMMEL, A. (1986c): Geomorphologische Aspekte der Landschaftsnutzung in Süd-Brasilien. - Heidelberger Geowiss. Abh., 6: 433-445; Heidelberg.

SEMMEL, A. (1988): Geomorphologische Bewertung verschiedenfarbiger Bodenbildungen in Mittel- und Südbrasilien. - Abh. Akad. Wiss. Göttingen, math. -physik. Kl., 3. Folge, 41: 11-21; Göttingen.

SEMMEL, A. (1991): Relief, Gestein, Boden. - 148 S.; Darmstadt.

SEMMEL, A. & ROHDENBURG, H. (1979): Untersuchungen zur Boden- und Reliefentwicklung in Süd-Brasilien. - Catena, 6: 203-219; Braunschweig.

SOUGY, J. (1971): Remarques sur la stratigraphie du Protérozoïque supérieur du bassin voltaïen; influence de la paléosurface d'érosion glaciaire de la base du groupe de l'Oti sur le tracé sinueux des Volta et des certains affluents. - C. R. Acad. Sci. Paris, D 272: 800-803; Paris.

SPONHOLZ, B. (1989a): Micromorphological Aspects of Karst Formation in Silicate Rocks of the Southern Sahara. - Geoökoplus, 1: 275 S. ; Bensheim.

SPONHOLZ, B. (1989b): Karsterscheinungen in nichtkarbonatischen Gesteinen der östlichen Republik Niger. - Würzburger geogr. Arb., 75: 265 S.; Würzburg.

STATISTISCHES BUNDESAMT (1986): Länderbericht Burkina Faso. - 68 S.; Mainz.

STATISTISCHES BUNDESAMT (1988): Länderbericht Burkina Faso. - 81 S.; Mainz.

STRUBENHOFF, H. W. & JAHNKE, H. (1989): Animal Traction and Agro-Ecological Zones in Western Africa. - Z. f. ausländische Landwirtsch., 28: 166-176; Frankfurt a. M.

SURUGUE, B. (1979): Etudes Gulmancé (Haute-Volta). Phonologie, classes nominales, lexique. - Bibliothèque de la SELAF, 75/76: 148 S.; Paris.

SWANSON, R. (1977): Noms de villages de l'ORD de l'est de la Haute-Volta. - USAID Document, 6: 16 S.; Fada N'Gourma.

SWANSON, R. (1979a): Gourmantche Agriculture, part I: Land Tenure and Field Cultivation. - Developement Anthropology Technical Assistance Document, 7: 52 S.; Fada N'Gourma.

SWANSON, R. (1979b): Gourmantche Agriculture, part II: Cultivated Plant Resources and Field Management. - Development Anthropology Technical Assistance Document, 8: 155 S.; Fada N'Gourma.

SWANSON, R. (1980): Development Interventions and Self-Realisation among the Gourma (Upper Volta). - In: BROKENSHA, D. & WARREN, D. M. & WERNER, O. [Eds.]: Indigenous Knowledge Systems and Development: 67-91; New York, London.

SWANSON, R. (1985): Gourmantche Ethnoanthropology. - 464 S.; New York, London.

TERRIBLE, M. (1984): Essai sur l'écologie et la sociologie d'arbres et arbustes de Haute-Volta. - 257 S.; Bobo Dioulasso.

THIEMEYER, H. (1992): Desertification in the ancient erg of NE-Nigeria. - Z. Geomorph., N. F., Suppl.-Bd. 91: 197-208; Berlin, Stuttgart.

THOMAS, M. F. & GOUDIE, A. S. H. (1985): Dambos: Small Channelless Valleys in the Tropics. Characteristics, Formation, Utilisation. - Z. Geomorph., N. F., Suppl.-Bd. 52: 222 S.; Berlin, Stuttgart.

TROMPETTE, R. & AFFATON, P. & JOULIA, F. & MARCHAND, J. (1980): Stratigraphic and Structural Controls of Late Precambrian Phosphate Deposits of the northern Volta Basin; Upper-Volta, Niger and Benin, West-Africa. - Economic Geology, 75: 62-70; New Haven (USA).

TROMPETTE, R. (1972): Présence, dans le bassin voltaïen, de deux glaciations distinctes à la limite Précambrien supérieur-Cambrien. Incidences sur l'interprétation chronostratigraphique des séries de bordure du craton ouest-africain. - C. R. Acad. Sci. Paris, D 275: 1027-1030; Paris.

TROMPETTE, R. (1983): Le bassin de Volta. - In: FABRE, J. [Ed.]: Afrique de l'ouest, introduction géologique et termes stratigraphiques: 75-79; Oxford.

URBANI, F. (1978): Les karsts gréseux du Venezuela. - Spelunca, 25-28; Paris.

VEIT, H. & FRIED, G. (1989): Untersuchungen zur Verbreitung und Genese verschiedenfarbiger Böden und Decklehme in Südost-Nigeria. - Frankfurter geowiss. Arb., Ser. D, 10: 141-156; Frankfurt a. M.

VÖLKEL, J. (1991): Staubsedimentation im nordafrikanischen Sahel - Herkunft und Auswirkung auf die Landschaftsökologie eines semiariden Großraumes. - Z. Geomorph., N. F., Suppl.-Bd. 89: 73-85; Berlin, Stuttgart.

VOLZ, A. (1990): Traditionelle Anbaustrategien westafrikanischer Bauernkulturen. - Ethnologische Studien, 13: 243 S.; Freiburg.

WEISCHET, W. (1980): Die ökologische Benachteiligung der Tropen. - 2. Aufl., 128 S.; Stuttgart.

WHITE, W. B. & JEFFERSON, G. L. & HAMAN, J. F. (1966): Quartzite karst in Southeastern Venezuela. - Int. J. Speleol., 2: 309-314; Amsterdam.

WILHELMY, H. (1958): Klimamorphologie der Massengesteine. - 238 S.; Braunschweig.

WIRTHMANN, A. (1987): Geomorphologie der Tropen. - 222 S.; Darmstadt.

WITTIG, R. & HAHN, K. & KÜPPERS, K. & SCHÖLL, U. (1992): Geo- und ethnobotanische Untersuchungen im Südosten von Burkina Faso. - In: WITTIG, R. [Hrsg.]: Beiträge zur Kenntnis der Vegetation Westafrikas - aktuelle Forschungsprojekte deutscher Universitäten. - Geobot. Kolloq., 8: 35-52; Frankfurt a. M.

ZEESE, R. (1983): Reliefentwicklung in Nordost-Nigeria - Reliefgenerationen oder morphogenetische Sequenzen. - Z. f. Geomorph., N. F., Suppl.-Bd. 48: 225-234; Berlin, Stuttgart.

ZEESE, R. (1991): Fluviale Geomorphodynamik im Quartär Zentral- und Nordostnigerias. - Freiburger geogr. H., 33: 199-208; Freiburg.

13 Verzeichnis der verwendeten Karten, Luft- und Satellitenbilder

Topographische Karten:

Carte International du Monde 1:1 000 000, IGN; Paris
  Bl. NC-30/31 TAMALÉ (1968)
  Bl. ND-31 NIAMEY (1963)

Carte de l'Afrique de l'Ouest (Rép. du Dahomey, Rép. de Haute-Volta, Rép. du Niger, Rép. du Togo) 1:500 000, IGN; Paris
  Bl. NC-31_N-O KANDI (1967)

Carte de l'Afrique de l'Ouest (Rép. de Haute-Volta) 1:200 000, IGN; Paris
  Bl. NC-31-XX ARLI (1965)
  Bl. NC-31-XXI KANDI (1955)
  Bl. ND-31-II DIAPAGA (1960)
  Bl. ND-31-III KIRTACHI (1960)

Thematische Karten:

Carte géologique de la République de Haute-Volta, 1:1 000 000, Direction de la Géologie et de Mines; Ouagadougou (1975)

Carte géologique de reconnaissance de l'A.O.F., 1:500 000; Dakar
  Bl. KANDI-OUEST (n° NC.31 N.O.-O.33) (1959)
  Bl. KANDI-EST (n° NC.31 N.O.-E.34) (1957)

Carte géologique, 1:200 000, Bl. DIAPAGA-KIRTACHI; Paris (1967)

Carte pédologique de reconnaissance de la République de Haute-Volta-Est, 1:500 000, O.R.S.T.O.M.; Dakar (1969)

Carte de ressources en sols de la Haute-Volta, 1:500 000, Bl. est-sud, O.R.S.T.O.M.; Bondy (1976)

Carte de planification des ressources en eau souterrain de l'Afrique soudano-sahélienne, 1:1 500 000, Bl. centre, C.I.E.H.; Ouagadougou (1976)

Parcs nationaux de pays de l'Entente. Carte touristique, 1:375 000, IGN; Paris (1984)

SPOT 1-Szenen:

Szene-Nr. 60-326 vom 15. Nov. 1987, 10:32
Szene-Nr. 60-327 vom 15. Nov. 1987, 10:32
Szene-Nr. 61-326 vom 27. Jan. 1988, 10:27
Szene-Nr. 61-327 vom 23. Feb. 1987, 10:28

Luftbilder:

ca. 1:50 000, Befliegung 86077-B Tapoa, April 1986, IGB; Ouagadougou

Ligne 12, Bild-Nr. 1359 -1360
Ligne 13, Bild-Nr. 1311 -1314, 1316
Ligne 14, Bild-Nr. 1274 -1282
Ligne 15, Bild-Nr. 1209 -1218
Ligne 16, Bild-Nr. 1165 -1276
Ligne 17, Bild-Nr. 1128 -1139
Ligne 18, Bild-Nr. 1093 -1100
Ligne 19, Bild Nr. 1063 -1074
Ligne 20, Bild-Nr. 986- 894
Ligne 21, Bild-Nr. 1003 -1009

14 Anhang

14.1 Labormethoden

Korngrößenanalyse:
Rund 10 g luftgetrockneter, mit 2 mm-Sieb gesiebter Feinboden werden mit 25 ml 0,4 N $Na_4P_2O_5$ für mindestens 15 Stunden versetzt. Anschließend wird die Probe mit H_2O dest. auf 250 ml aufgefüllt und zwei Stunden geschüttelt. Danach erfolgt Naßsiebung bis 60 m nach DIN-Vorschrift 19683, Teil 1 (1973). Die Kornfraktionen 60-2 m werden nach der Pipette-Methode nach KÖHN ermittelt (DIN-Vorschrift 19683, Teil 1,2; 1973).

pH:
Elektrometrische Messung in 0,1 N KCl mit Glaselektrode und Digitalmultimeter DIGI 610 E (WTW). DIN-Vorschrift 19684, Teil 1 (1977).

Organische Substanz:
Nach nasser Veraschung quantitative colorimetrische Bestimmung mit Spektralphotometer C21 Spectronic von BAUSCH & LOMB (s. RIEHM & ULRICH 1954).

Kationen-Austauschkapazität:
Potentielle Kationen-Austauschkapazität (KAKpot) mit Triäthanolamin-Bariumchlorid-Lösung bei pH 8,1 nach DIN-Vorschrift 19684, Teil 8 (1977) bestimmt. Messung der Kationen Ca^{++}, Mg^{++}, K^+ und Na^+ am AAS (Perkin-Elmer). H-Wert titrimetrisch bestimmt.

Bodenfarbe:
Trocken nach MUNSELL SOIL COLOR CHARTS (1988).

14.2 Wortliste der Gulmancé-Begriffe

Die Reihenfolge der Begriffe folgt inhaltlichen Kriterien und nicht dem Alphabet. In eckigen Klammern sind die Pluralformen angegeben. Die Übersetzung der Begriffe ist oft schwierig, da es z. B. für die geographischen Termini aufgrund des unterschiedlichen Naturraums keine deutschen Entsprechungen gibt. Alle Begriffe wurden in der Gobnangou-Region aufgenommen. Es können daher Unterschiede in der Aussprache und auch inhaltliche Abweichungen zu Begriffen auftreten, die in anderen Regionen aufgenommen wurden (vgl. Kap. 8). Für die Transkription der Wörter anhand von Tonbandaufzeichnungen danke ich Frau WINKELMANN.

Materialien

ku tangu	(großer) Fels
li tanli [a tana]	(kleiner) Fels
ki tanbiga [a tanbila]	(großer) Stein
ki tanga [mu tanmu]	(kleiner) Stein
li tancagili [a tintancaga]	Steinchen, Kiesel
li kogtanli [a kogtana]	großer Lateritbrocken
ki tanbiga [a kogtanbila]	kleiner Lateritbrocken
li tanpempempienli [a tanpempempiena]	harter, weißer Stein [Quarz]
li tanpempembwanli [a tanpempembwana]	harter, schwarzer Stein [Kieselschiefer]
o tancando [i tancandi]	sandiger Stein [angewitterter Sandstein]
li nyintanli [a nyintana]	wörtl. "Wasserstein", Hagel; wird auch für Schiefer verwendet
ti tandi (Plural von ku tangu)	Erde, Boden
me tanbima	Sand
ku yuagu	Töpferton
i kiali	Töpfersand [Magerungsmittel]
ku bualgu [ti bualdi]	dunkler Verputz
me tanbipiema	weißer Sand [Verputz]
li muanli [a muana]	roter Lehm [Farbstoff]

Böden und Standorte

ki tinga [mu tinmu]	Boden
ki tinpienga [mu tinpienmu]	weißer Boden
ki tinmuanga [mu tinmuanmu]	roter Boden
li tinbuanli [a tinbuana]	schwarzer Boden
a tintancaga	steiniger [pisolithreicher] Boden
mi tintanbima	Sandboden
li tinlubili [a tinluba]	schluffiger Boden
li bolbuonli	Vertisol
li tinbisimbili [a tinbisimbina]	klebriger Boden [Vertisol]
ku pugu [ti pugdi]	Staunässeboden
mi pugutanbima	sandiger Staunässeboden
li baatinbuanli [a baatinbuana]	schwarzer Bas-fond-Boden
ku buanbalgu [ti buanbaldi]	Standort am Bach/Marigot
u gbanu [i gbani]	Lateritfläche
ki tunga [mu tunmu]	Lateritfläche mit dünner Bodendecke und Gehölzvegetation
u tialu [i tiali]	Lateritfläche mit dünner Bodendecke und Grasvegetation
ku pempelgu [ti pempeldi]	nackter [vegetationsloser] Boden
li lianli [a liana]	salziger Boden, Salzlecke
ku kpamkpagu [a kpamkpari]	harter Salzboden [Solonetz]

Reliefeinheiten

li luali [a luana]   See, Mare
u kpenu [akpeni]   Fluß
li digirli [a digra]   Insel
ku buangu [ti buandi]   Bach, Marigot
u fuanu [i fuani]   Abflußbahn, Tiefenlinie
ki buantampurga [mu buantampurga]   Erosionsgraben
ku baagu [ti baadi]   Flachmuldental, Bas-fond
li buoli [a buona]   Geländedelle, Depression

u gbanu [i gbani]   [erhabene] Ebene
li gbanli [a gbana]   [kleiner] Hügel
ku gbangu [ti gbandi]   [großer] Hügel
ki juaga [mu juamu]   [kleiner] Berg
li juali [ajuana]   [großer] Berg
    li juabuanli   schwarzer Berg [z. B. Sandstein]
    li juamuanli   roter Berg [z. B. Laterittafelberg]
ku jualangu [ti jualandi]   Tal
ku tantialgu [ti tantialdi]   Gesteinsfläche [z. B. Sandsteinplateau]
mi yirima   Steilhang, Stufe
mi tibidima   Hang

FRANKFURTER GEOWISSENSCHAFTLICHE ARBEITEN

Herausgegeben vom Fachbereich Geowissenschaften
Johann Wolfgang Goethe-Universität Frankfurt am Main

Serie A: Geologie - Paläontologie

Band 1 MERKEL, D. (1982): Untersuchungen zur Bildung planarer Gefüge im Kohlengebirge an aus gewählten Beispielen. - 144 S., 53 Abb.; Frankfurt a. M.
DM 10,--

Band 2 WILLEMS, H. (1982): Stratgraphie und Tektonik im Bereich der Antiklinale von Boixols-Coll de Nargó - ein Beitrag zur Geologie der Decke von Montsech (zentrale Südpyrenäen, Nordost-Spanien). - 336 S., 90 Abb., 8 Tab., 19 Taf., 2 Beil.; Frankfurt a. M.
DM 30,--

Band 3 BRAUER, R. (1983): Das Präneogen im Raum Molaoi-Talanta/SE-Lakonien (Peloponnes, Griechenland). - 284 S., 122 Abb.; Frankfurt a. M.
DM 16.--

Band 4 GUNDLACH, T. (1987): Bruchhafte Verformung von Sedimenten während der Taphrogenese - Maßstabsmodelle und rechnergestützte Simulation mit Hilfe der FEM (Finite Element Method). - 131 S., 70 Abb., 4 Tab.; Frankfurt a. M.
DM 10,--

Band 5 KUHL, H.-P. (1987): Experimente zur Grabentektonik und ihr Vergleich mit natürlichen Gräben (mit einem historischen Beitrag). - 208 S., 88 Abb., 2 Tab.; Frankfurt a. M.
DM 13,--

Band 6 FLÖTTMANN, T. (1988): Strukturentwicklung, P-T-Pfade und Deformationsprozesse im zen tralschwarzwälder Gneiskomplex. - 206 S., 47 Abb., 4 Tab.; Frankfurt a. M.
DM 21,--

Band 7 STOCK, P. (1989): Zur antithetischen Rotation der Schieferung in Scherbandgefügen - ein kinematisches Deformationsmodell mit Beispielen aus der südlichen Gurktaler Decke (Ostalpen). - 155 S., 39 Abb., 3 Tab.; Frankfurt a. M.
DM 13,--

Band 8 ZULAUF, G. (1990): Spät- bis postvariszische Deformationen und Spannungsfelder in der nördlichen Oberpfalz (Bayern) unter besonderer Berücksichtigung der KTB-Vorbohrung. - 285 S., 56 Abb.; Frankfurt a. M.
DM 20,--

Band 9 BREYER, R. (1991): Das Coniac der nördlichen Provence ('Provence rhodanienne') - Stra tigraphie, Rudistenfazies und geodynamische Entwicklung. - 337 S., 112 Abb., 7 Tab.; Frankfurt. a. M.
DM 25,90

Band 10 ELSNER, R. (1991): Geologische Untersuchungen im Grenzbereich Ostalpin-Penninikum am Tauern-Südostrand zwischen Katschberg und Spittal a. d. Drau (Kärnten, Österreich). - 239 S., 61 Abb.; Frankfurt a. M.
DM 24,90

Band 11 TSK IV (1992): 4. Symposium Tektonik - Strukturgeologie - Kristallingeologie. - 319 S., 105 Abb., 5 Tag.; Frankfurt a. M.
DM 14,90

Band 12 SCHMIDT, H. (1992): Mikrobohrspuren ausgewählter Faziesbereiche der tethyalen und germanischen Trias (Beschreibung, Vergleich und bathymetrische Interpretation). - 228 S., DM 21,90

Bestellungen zu richten an:

Geologisch-Paläontologisches Institut der Johann Wolfgang Goethe-Universität, Postfach 11 19 32, D-60054 Frankfurt am Main

FRANKFURTER GEOWISSENSCHAFTLICHE ARBEITEN

Herausgegeben vom Fachbereich Geowissenschaften
Johann Wolfgang Goethe-Universität Frankfurt am Main

Serie B: Meteorologie und Geophysik

Band 1 BIRRONG, W. & SCHÖNWIESE, C.-D. (1987): Statistisch-klimatologische Untersuchungen botanischer Zeitreihen Europas. - 80 S., 26 Abb., 5 Tab.; Frankfurt a. M.
DM 7,--

Band 2 SCHÖNWIESE, C.-D. (1990): Grundlagen und neue Aspekte der Klimatologie. - 2. Aufl., 130 S., 55 Abb., 11 Tab.; Frankfurt a. M.
DM 10,--

Band 3 SCHÖNWIESE, C.-D. (1991): Das Problem menschlicher Eingriffe in das Globalklima ("Treibhauseffekt") in aktueller Übersicht. - 142 S., 65 Abb., 13 Tab.; Frankfurt a. M.
DM 8,--

Band 4 ZANG, A. (1991): Theoretische Aspekte der Mikrorißbildung in Gesteinen. - 209 S., 82 Abb., 9 Tab.; Frankfurt a. M.
DM 19,--

Band 5 RAPP, J. & SCHÖNWIESE, C.-D. (1995): Atlas der Niederschlags- und Temperaturtrends in Deutschland 1891 - 1990. - 255 S., 32 Abb., 12 Tab., 19 Ktn.; Frankfurt a. M.
DM 14,--

Bestellungen zu richten an:

Institut für Meteorologie und Geophysik der Johann Wolfgang Goethe-Universität, Postfach 11 19 32, D-60054 Frankfurt am Main

FRANKFURTER GEOWISSENSCHAFTLICHE ARBEITEN

Herausgegeben vom Fachbereich Geowissenschaften
Johann Wolfgang Goethe-Universität Frankfurt am Main

Serie C: Mineralogie

Band 1 SCHNEIDER, G. (1984): Zur Mineralogie und Lagerstättenbildung der Mangan- und Eisen erzvorkommen des Urucum-Distriktes (Mato Grosso do Sul, Brasilien). - 205 S., 99 Abb., 9 Tab.; Frankfurt a. M.
DM 12,--

Band 2 GESSLER, R. (1984): Schwefel-Isotopenfraktionierung in wäßrigen Systemen. - 141 S., 35 Abb.; Frankfurt a. M.
DM 9,50

Band 3 SCHRECK, P. C. (1984): Geochemische Klassifikation und Petrogenese der Manganerze des Urucum-Distriktes bei Corumbá (Mato Grosso do Sul, Brasilien). - 206 S., 29 Abb., 20 Tab.; Frankfurt a. M.
DM 13,50

Band 4 MARTENS, R. M. (1985): Kalorimetrische Untersuchung der kinetischen Parameter im Glas transformations-Bereich bei Gläsern im System Diopsid-Anorthit-Albit und bei einem NBS-710-Standardglas. - 177 S., 39 Abb.; Frankfurt a. M.
DM 15,--

Band 5 ZEREINI, F. (1985): Sedimentpetrographie und Chemismus der Gesteine in der Phosphorit stufe (Maastricht, Oberkreide) der Phosphat-Lagerstätte von Ruseifa/Jordanien mit be sonderer Berücksichtigung ihrer Uranführung. - 116 S., 11 Abb., 5 Taf., 27 Tab., 36 Anl.; Frankfurt a. M.
DM 16,--

Band 6 ZEREINI, F. (1987): Geochemie und Petrographie der metamorphen Gesteine vom Vesleknatten (Tverrfjell/Mittelnorwegen) mit besonderer Berücksichtigung ihrer Erzminerale. - 197 S., 48 Abb., 9 Taf., 26 Tab., 27 Anl.; Frankfurt a. M.
DM 15,--

Band 7 TRILLER, E. (19879): Zur Geochemie und Spurenanalytik des Wolframs unter besonderer Berücksichtigung seines Verhaltens in einem südostnorwegischen Pegmatoid. - 173 S., 25 Abb., 2 Taf., 20 Tab.; Frankfurt a. M.
DM 12,--

Band 8 GÜNTER, C. (1988): Entwicklung und Vergleich zweier Multielementanalysenverfahren an Kohlenaschen- und Bodenproben mittels Röntgenfluoreszenzanalyse. - 124 S., 38 Abb., 37 Tab., 1 Anl.; Frankfurt a. M.
DM 13,--

Band 9 SCHMITT, G. E. (1989): Mikroskopische und chemische Untersuchungen an Primärmineralen in Serpentiniten NE-Bayerns. - 130 S., 39 Abb., 11 Tab.; Frankfurt a. M.
DM 14,--

Band 10 PETSCHICK, R. (1989): Zur Wärmegeschichte im Kalkalpin Bayerns und Nordtirols (Inkohlung und Illit-Kristallinität). - 259 S., 75 Abb., 12 Tab., 3 Taf.; Frankfurt a. M.
DM 16,--

Band 11 RÖHR, C. (1990): Die Genese der Leptinite und Paragneise zwischen Nordrach und Gengenbach im mittleren Schwarzwald. - 159 S., 54 Abb., 15 Tab.; Frankfurt a. M.
DM 15,--

Band 12 YE, Y. (1992): Zur Geochemie und Petrographie der unterkarbonischen Schwarzschieferserie in Odershausen, Kellerwald, Deutschland. - 206 S., 58 Abb., 15 Tab., 5 Taf.; Frankfurt a. M.
DM 19,--

Band 13 KLEIN, S. (1993): Archäometallurgische Untersuchungen an frühmittelalterlichen Buntmetall funden aus dem Raum Höxter/Corvey. - 203 S., 28 Abb., 14 Tab., 12 Taf., 13 Anl.; Frankfurt a. M.
DM 33,--

Band 14 FERREIRO MÄHLMANN, R. (1994): Zur Bestimmung von Diagenesehöhe und beginnender Metamorphose - Temperaturgeschichte und Tektogenese des Austroalpins und Südpennikums in Voralberg und Mittelbünden. - 498 S., 118 Abb., 18 Tab., 2 Anl.; Frankfurt a. M.
DM 25,--

Bestellungen zu richten an:

Institut für Geochemie, Petrologie und Lagerstättenkunde der J. W. Goethe-Universität, Postfach 11 29 32, D-60054 Frankfurt am Main

FRANKFURTER GEOWISSENSCHAFTLICHE ARBEITEN

Herausgegeben vom Fachbereich Geowissenschaften
Johann Wolfgang Goethe-Universität Frankfurt am Main

Serie D: Physische Geographie

Band 1 BIBUS, E. (1980): Zur Relief-, Boden- und Sedimententwicklung am unteren Mittelrhein. - 296 S., 50 Abb., 8 Tab.; Frankfurt a. M.
DM 25,--

Band 2 SEMMEL, A. (1991): Landschaftsnutzung unter geowissenschaftlichen Aspekten in Mitteleuropa. - 3.,verb. Aufl., 67 S., 11 Abb.; Frankfurt a. M.
DM 10,--

Band 3 SABEL, K. J. (1982): Ursachen und Auswirkungen bodengeographischer Grenzen in der Wetterau (Hessen). - 116 S., 19 Abb., 8 Tab., 6 Prof.; Frankfurt a. M.
DM 11,50 (vergriffen)

Band 4 FRIED, G. (1984): Gestein, Relief und Boden im Buntsandstein-Odenwald. - 201 S., 57 Abb., 11 Tab.; Frankfurt a. M.
DM 15,-- (vergriffen)

Band 5 VEIT, H. & VEIT, H. (1985): Relief, Gestein und Boden im Gebiet von "Conceiçao dos Correias" (S-Brasilien). - 98 S., 18 Abb., 10 Tab., 1 Karte; Frankfurt a. M.
DM 17,--

Band 6 SEMMEL, A. (1989): Angewandte konventionelle Geomorphologie. Beispiele aus Mitteleuropa und Afrika. - 2. Aufl., 116 S., 57 Abb.; Frankfurt a. M.
DM 13,--

Band 7 SABEL, K.-J. & FISCHER, E. (1992): Boden- und vegetationsgeographische Untersuchungen im Westerwald. - 2. Aufl., 268 S., 19 Abb., 50 Tab.; Frankfurt a. M.
DM 18,--

Band 8 EMMERICH, K.-H. (1988): Relief, Böden und Vegetation in Zentral- und Nordwest-Basilien unter besonderer Berücksichtigung der känozoischen Landschaftsentwicklung. - 218 S., 81 Abb., 9 Tab., 34 Bodenprofile; Frankfurt a. M.
DM 13,--

Band 9 HEINRICH, J. (1989): Geoökologische Ursachen luftbildtektonisch kartierter Gefügespuren (Photolineationen) im Festgestein. - 203 S., 51 Abb., 18 Tab.; Frankfurt a. M.
DM 13,--

Band 10 BÄR, W.-F. & FUCHS, F. & NAGEL, G. [Hrsg.] (1989): Beiträge zum Thema Relief, Boden und Gestein - Arno Semmel zum 60. Geburtstag gewidmet von seinen Schülern. - 256 S., 64 Abb., 7 Tab., 2 Phot.; Frankfurt a. M.
DM 16,-- (vergriffen)

Band 11 NIERSTE-KLAUSMANN, G. (1990): Gestein, Relief, Böden und Bodenerosion im Mittellauf des Oued Mina (Oran-Atlas, Algerien). - 163 S., 17 Abb., 13 Tab.; Frankfurt a. M.
DM 12,--

Band 12 GREINERT, U. (1992): Bodenerosion und ihre Abhängigkeit von Relief und Boden in den Campos Cerrados, Beispielsgebiet Bundesdistrikt Brasilia. - 259 S., 20 Abb., 15 Tab., 24 Fot., 1 Beil., Frankfurt a. M.
DM 18,--

Band 13 FAUST, D. (1991): Die Böden der Monts Kabyè (N-Togo) - Eigenschaften, Genese und Aspekte ihrer agrarischen Nutzung. - 174 S., 33 Abb., 25 Tab., 1 Beil.; Frankfurt a. M.
DM 14,--

Band 14 BAUER, A. W. (1993): Bodenerosion in den Waldgebieten des östlichen Taunus in historischer und heutiger Zeit - Ausmaß, Ursachen und geoökologische Auswirkungen. - 194 S., 45 Abb.; Frankfurt a. M.
DM 14,--

Band 15 MOLDENHAUER, K.-M. (1993): Quantitative Untersuchungen zu aktuellen fluvial-morphodynamischen Prozessen in bewaldeten Kleineinzugsgebieten von Odenwald und Taunus. - 307 S., 108 Abb., 66 Tab.; Frankfurt a. M.
DM 18,--

Band 16 SEMMEL, A. (1994): Karteninterpretation aus geoökologischer Sicht - erläutert an Beispielen der Topographischen Karte 1 : 25 000. - 85 S.; Frankfurt a. M.
DM 12,--

Band 17 HEINRICH, J. & THIEMEYER, H. [Hrsg.] (1994): Geomorphologisch-bodengeographische Arbeiten in Nord- und Westafrika. - 97 S., 28 Abb., 12 Tab.; Frankfurt a. M.
DM 13,--

Band 18 SWOBODA, J. (1994): Geoökologische Grundlagen der Bodennutzung und deren Auswirkung auf die Bodenerosion im Grundgebirgsbereich Nord-Benins - ein Beitrag zur Landnutzungsplanung. - 119 S., 17 Abb., 26 Tab., 2 Kt.; Frankfurt a. M.
DM 18,--

Band 19 MÜLLER-HAUDE, P. (1995): Landschaftsökologische Grundlagen der Bodennutzung in Gobnangou (SE-Burkina Faso, Westafrika). - 170 S., 65 Abb., 2 Tab., 1 Beil.; Frankfurt a. M.
DM 14,--

Bestellungen zu richten an:

Institut für Physische Geographie der Johann Wolfgang Goethe-Universität, Postfach 11 19 32, D-60054 Frankfurt am Main